葡萄酒品评

THE SCIENCE OF TASTING WINE

(英) 杰米·古德　著

李若楠　译

中国纺织出版社有限公司

原书名：I TASTE RED——THE SCIENCE OF TASTING WINE
原作者名：Jamie Goode

著作权合同登记号：图字：01－2019－5544

图书在版编目（CIP）数据

葡萄酒品评／（英）杰米・古德著；李若楠译. --
北京：中国纺织出版社有限公司，2021.5
  书名原文:I TASTE RED——THE SCIENCE OF
TASTING WINE
  ISBN 978－7－5180－8061－8

  Ⅰ.①葡… Ⅱ.①杰… ②李… Ⅲ.①葡萄酒—品鉴
Ⅳ.①TS262.61

中国版本图书馆 CIP 数据核字（2020）第 209125 号

责任编辑：闫 婷 潘博闻 责任校对：王蕙莹 责任印制：王艳丽

中国纺织出版社有限公司出版发行
地址：北京市朝阳区百子湾东里 A407 号楼 邮政编码：100124
销售电话：010—67004422 传真：010—87155801
http://www.c-textilep.com
中国纺织出版社天猫旗舰店
官方微博 http://weibo.com/2119887771
北京华联印刷有限公司印刷 各地新华书店经销
2021 年 5 月第 1 版第 1 次印刷
开本：710×1000 1/12 印张：18.5
字数：216 千字 定价：128.00 元

目 录

前言　4

第1章　红色尝起来是什么味道　8

第2章　嗅觉和味觉　24

第3章　葡萄酒和大脑　54

第4章　葡萄酒风味化学　84

第5章　风味感知的个体差异　106

第6章　为什么我们喜欢自己酿造的葡萄酒　128

第7章　构建现实　150

第8章　葡萄酒的语言　166

第9章　品酒是主观的还是客观的　184

第10章　葡萄酒品评的一种新方法　194

词汇表　216

参考文献　218

致谢　222

前 言

拿一瓶葡萄酒，打开，倒出一杯，品尝一小口，然后想想你的体验，试着记录你所体验的东西。这是品尝葡萄酒的过程，也是我谋生的部分手段。大部分人这样做只是为了享乐，喝葡萄酒通常是一个享乐的过程。但是，在这个享乐过程中到底发生了什么呢？表面上看一切都很简单，当我们喝葡萄酒时，负责品尝的舌头和负责嗅闻的鼻子，这两个感觉系统检测到葡萄酒中的分子，传递给我们的大脑，大脑将其解释为不同的气味和味道。当然，我们也会受到葡萄酒中酒精的影响。但是，这只是我们对正在发生的事情一种极其简单的理解。

这是一本关于葡萄酒品评的书。但是，你可能会发现，这本书与教科书以及葡萄酒教育课程等在主题方面有所不同。虽然这本书关注的焦点是葡萄酒，但是涉猎的范围更广，我试图将葡萄酒作为一种探索我们感知周围世界的方式。这需要多学科的结合，涉及生理学、心理学、神经科学和哲学，每个学科都给我们提供了一个不同的视角来探索这个令人兴奋的学科。

我们将葡萄酒作为一个整体来体验。为了更好地了解葡萄酒，我们可以像科学家把人类的感觉分成离散的感觉系统一样，把葡萄酒也分成各个组成部分。但是这种分离多少有些武断，我喜欢采取一种更为系统的方法。毕竟，喝葡萄酒时，我们将其作为一种整体的感觉来感受，不同感官带来的感觉在我们没有意识的情况下结合在一起。

这本书的研究始于几年前，但是在过去几个月里，随着研究不断深入，我对研究结果感到十分惊讶。品尝葡萄酒是一件非常复杂的事情，我所学的知识也使我对品尝葡萄酒的本质提出了疑问。

葡萄酒行业有一个众所周知的规律，品酒是一种可以学习的技能。随着品酒技能越来越熟练，你会更进一步地了解或认识你所品尝的葡萄酒。

人们相信，对葡萄酒有一种"真实"的诠释，最好的品酒师对葡萄酒的诠释将非常接近这种"真实"。如果你学习专业的有关葡萄酒资质的知识，例如高级侍酒师或葡萄酒大师，将由比你更有经验的人对你进行教授并考核。这种做法暗示着，这些在经验和专业知识方面更进一步的人对葡萄酒的理解是正确的。如果你表现出色，能力不断提升，就有望成为葡萄酒领域的佼佼者。

我不否认有些人是有天赋的品酒师，他们和其他一些人可能有着丰富的葡萄酒相关经验，但是我不相信任何一款特定的葡萄酒只有一种理解。首先，我们的生理特征不同：我们每个人的嗅觉受体不同，而且在味觉感知方面，个体间存在明显差异。此外，品酒是一个审美过程，当我们品尝葡萄酒时，都会有着不同的体验、期望和环境。

一个享有很高声誉的杂志和网站——《世界美酒》（*The World of Fine Wine*）——中的品酒过程完美地诠释了这一问题。在每一次品尝中都有三个人参与，通常是一名具有该领域专业知识的专家和两名经验丰富的人士，在某些情况下可能不止一名专家。记录下他们的个人评分和笔记，以及他们所组成的小组评分。但是，说到优质、有趣的葡萄酒，评分上很少有一致之处。我们能得出什么结论呢？这些品酒师是否能力不足，表现不佳？我们并不这么认为，因为他们是经验丰富的专业人士。他们有不同的喜好吗？是的，这可能是一部分原因。因为尽管品酒师尽可能努力地把喜好放在一边，却不能完全放下。虽然尽可能地放下喜好是一件好事，但对大多数人来说，是很难区别喜欢和鉴赏的。

这并不是说所有品酒完全是主观的，或葡萄酒质量的概念完全是武断的或个人化的，任何事情都不是这样。品酒中的主客观问题是一个有趣且重要的问题，我将在本书后面详细讨论。

我还想说的是，现在是葡萄酒行业适应并使其品酒模式现代化的时候了。

品尝葡萄酒比我们之前所想的更丰富、更复杂，对风味多模态感知的研究也越来越多，这和我们每天品尝葡萄酒并与他人分享我们的感知高度相关。

与任何大量引用学术研究的书一样，读者可能会觉得这本书枯燥无味，难以阅读。我意识到了这个问题，所以本书在语言上更加轻松简明，并在章节中引入行文线索。此外，为了不让该书显得过于科学化让读者望而却步，我决定不在正文中引用所参考的研究文献和学术论文。当然，我对参考文献的作者们给予高度肯定，在本书的最后，为那些想要深入研究的人提供了参考书目和参考资料。

在另一个层面上，我一直对通俗科普书籍使用一种确认偏差的趋势持谨慎态度。在这种趋势下，特别重视令人兴奋的、感性的研究，先讲述一个好故事，在数据之前实现了巨大的飞跃。在科学杂志上发表的论文并不意味着其总是正确的；有时同行评审（科学家对其他科学家的工作进行评审）会失败，有时科学家的推断超出了研究数据实际显示的结果。在这方面，我一直力图保持谨慎，希望我所写的是客观的，并尽可能具有远见。

最近，我和一位著名的老派葡萄酒作家讨论了关于葡萄酒的看法。我们讨论了一个熟悉的话题，甜型葡萄酒随着酒龄的增长尝起来不那么甜，法国人将其称为"吃糖"。长期以来，这个现象一直无法解释，因为据我们所知，糖含量随甜型葡萄酒酒龄变化保持不变。我提出了一种基于我们大脑处理味觉和嗅觉信息的方式来进行解释，在这种方式中，这些感觉输入在我们还没有意识到的情况下结合在一起。在年轻的甜型葡萄酒中，香气非常明显且果香浓郁。我们用鼻子闻到的这些信息来解释我们的味觉体验：当舌头尝到糖的味道时，水果的香味让我们觉得这真的是一款非常甜的葡萄酒。研究表明，"甜味"让人们觉得糖溶液更甜。事实上，仅仅是想象一种甜甜的气味就能提高人们对甜味的评价。

随着葡萄酒的陈酿，果香逐渐减弱，取而代之的是成熟葡萄酒的香味。此时，我们舌头探测到的糖分是一样的，由于鼻子接收到的信息不同，我们会认为葡萄酒并不那么甜。我们完全没有意识到自己的看法是如何被影响的。作家的反应是一脸怀疑，他说："你把我们都当傻瓜。"我没有回应，但事实上，当涉及我们的感知时，我们常常是傻瓜。我们的大脑在欺骗我们，但是我们认为自己所感知到的是真实的。因此，大脑如何处理感官信息，这是本书的话题之一。

因此，以葡萄酒品评为例子，这本书是对感知自身本质的广泛探索。虽然本书是关于葡萄酒品评的，但是大部分讨论的内容广泛涉及葡萄酒风味的感知。真正喜欢葡萄酒的人往往对其他的风味体验非常感兴趣，这并非偶然。联觉是一种感觉信息被混淆的现象，我们将从研究"联觉"开始本书旅程。虽然有联觉体验（其中可能包括感知声音的颜色，或者颜色的声音）很罕见，即使是我们这些没有联觉的人（能体验到联觉的人通常从出生开始的），通常也是以结合自身不同感觉信息的方式来体验这个世界。由此可见，感觉并不像我们所认为的那样是独立的。

第 1 章

红色尝起来是什么味道

联觉是指一种感觉形态的刺激被记为对另一种感觉的感知的显著现象。这似乎很奇怪，几乎无法解释，但是它揭示了我们的感觉系统是如何工作的。这打破了我们感觉系统像测量设备一样工作的神话。我们可以从这里开始探索葡萄酒的味道。

感官融合

神经学家理查德·西托威克（Richard Cytowic）在其《品尝形状的人》（1993）（*The Man Who Tasted Shapes*）一书中描述了他的病人麦克·沃森（Michael Watson）的情况。这位神经学家也是沃森的邻居，被邀请来到沃森家吃晚饭。沃森向西托威克透露了自己具有联觉，他在准备这顿饭的时候说："鸡肉没有足够的尖。"对沃森来说，风味有不同的形状，他希望他的鸡肉有尖尖的形状；相反，这个鸡肉是圆的。他的世界与大多数人的世界大不相同，因为对他来说，味道与形状有关，在某些情况下，他可以感觉到形状。这也适用于葡萄酒。沃森说道："你知道，有关葡萄酒的所有词汇听起来都很傻，所以大多数人不得不选用另一个词来描述一件事。对我来说，把一些葡萄酒描述成泥土味并不具有诗意，因为这从字面上看就像是手里拿着一块泥土。"

肖恩·戴（Sean Day）是另一个具有联觉的人，也是美国联觉协会的主席。戴具有先天性多重联觉。他有三种自出生以来一直陪伴着他的联觉类型。他不仅感受音乐、风味和气味，同时也感受形状、动作和颜色。戴在报告中说到，乳制品会产生蓝色阴影，如果咖啡是深绿色包装，牛肉是深蓝色包装或鸡肉是天蓝色包装，他更有可能会考虑选择咖啡。

戴写了很多关于这个主题的文章，他还报道了一个非常有趣的关于风味和联觉关联的案例。他的一位英国朋友詹姆斯·万顿（James Wannerton）有一种语音——风味联觉。对他来说，一些

语音会产生相应的风味。

例如，"argue"和"begin"这两个词中发出刺耳的"g"音产生了酸奶的味道；"super"或"peace"这两个词中"s"和"p"的发音组合让他尝到了西红柿汤的味道。由于万顿的联觉始于他的孩提时代，他根据语言所尝到的风味就是他年幼时所吃的食物的味道。

2005年，苏黎世大学的研究人员卢茨·詹克（Lutz Jäncke）和他的同事发表了他们对一位名叫伊丽莎白·苏尔斯顿（Elizabeth Sulston）的联觉者的研究结果。伊丽莎白·苏尔斯顿是一位27岁的专业音乐家，当她开始正式学习音乐时，她注意到特定的音程会使她的舌头产生独特的味觉。有趣的是，除了这种非常不寻常的音程—味觉联觉，她还有更常见的乐音—颜色联觉。

对于大多数没有联觉经验的人来说，很难想象这种体验是什么样的。它们不只是我们在各种感官上可能建立的联系。对于具

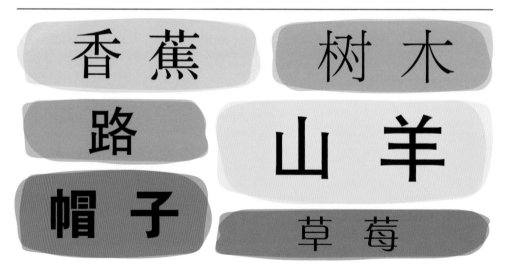

颜色和文字的结合

联觉最常见的形式是词汇联觉。在这种情况下，把一个单词（诱导刺激）给予一种颜色体验（并发感知），对于具有词汇联觉的人来说，特定的单词将自动感受到相匹配的颜色。然而，不同的人听到相同的单词时会感受到不同的颜色。

有联觉的人来说，感官的融合是不自觉的、同时发生的。这意味着他们无法控制感官融合，额外的感觉与"真实"的感觉同时发生，毫不延迟。

这与"正常人"的体验大不相同，因此联觉者通常会对他们这种不寻常的能力保密。对他们来说，感官交融非常真实。

为什么我们要在一本关于品酒的书中讨论联觉这个话题呢？因为联觉是我们感知外部世界的窗口，它为我们提供了与本书主题高度相关的见解。

直到有一种方法可以测试个人对自己体验的自我报告后，科学家们才开始重视联觉。西蒙·巴伦·科恩（Simon Baron-Cohen）及其同事设计的"真实性测试"使该领域的研究合法化。联觉之所以不同于一般的跨模态感知，关键在于感官刺激（诱导剂）不仅可靠地引发了正常的感官体验，而且还引发了非常态的感官体验（同时引发）。总体来说，共有60种不同的联觉类型，但是最常见的形式是特定颜色的感知与书面或口头的字母、数字或单词相关联，被称为词汇联觉，即单词（诱导刺激）以可靠的、可复制的方式将颜色体验（并发感知）传递给个人。这与"红色"一词可能导致我们在脑海中"看到"红色物体或红色本身的方式大不相同。在这种联觉中，受试者在特定的语言提示下实际上会看到（即感受到）特定的颜色。

联觉有多普遍？

最常引用的一个数据是，每2000人中就有一个人具有联觉，但是许多人认为这只是保守数据。肖恩·戴负责维护一个有850名联觉者的电子邮件列表，表明有3.7%的人具有某种形式的联感。还有其他研究人员认为，字母—颜色联觉的概率是1/200。

现代大脑成像技术已用于研究联觉的潜在机制。让·米歇尔·胡佩（Jean-Michel Hupé）和米歇尔·多杰（Michel Dojat）对这项研究工作进行回顾，他们发现，并未搜索到这种主观感受的神经相关性以及与联觉相关的脑部结构性差异的相关文章，因

过去人们普遍认为，相比男性，联觉在女性中更为普遍，但是这种说法可能是因为对男性的联觉现象的相关报道较少。

此联觉体验的神经相关性尚未建立。

他们认为联觉不是一种精神系统疾病，而是一种特殊的童年记忆。

沃森及其同事在2014年的一篇综述中支持这样一个结论，他们认为联觉的发展受学习的影响。引发联觉体验的刺激通常涉及儿童早期所学的对复杂特性的感知，并且联觉与这些所学的诱发因素之间的联系并不是随意的。联觉也对学习有帮助。沃森等人认为，在一定程度上，由于儿童学习的认知需求从而产生联觉。儿童使用联觉来帮助他们认识和理解所学的多样的内容。因此沃森等人说："我们的结论是，早期的学习对联觉很有帮助，学习可以触发感觉之间的相似性，刺激感觉之间的联系，从而产生联觉。"

我们能学习联觉吗？

有人认为联觉具有遗传性，但是有人提出某些形式的联觉可以通过学习而获得，联觉的发生颇有争议。阿姆斯特丹大学的奥林匹亚·科里佐利（Olympia Colizoli）的研究表明，通过训练，人们有可能具有通过字母或数字感知颜色的联觉。他进行了这样一个试验，7名志愿者读一本小说，其中某些字母总是用红色、绿色、蓝色或橙色书写。通过训练，他们的联觉测试结果优于对照组。这表明，经验学习可能是联觉在儿童时期形成的影响因素。

2014年，丹尼尔·鲍尔（Daniel Bor）和同事开始了一项强化训练方案，以观察没有联觉的成年人是否可以通过联想学习获得一些联觉能力。通过13种特定的字母和颜色的关联强化适应性记忆和阅读任务。训练后，受试者表现出一系列字母—颜色联觉的标准行为和生理指标。阅读黑色文字时，他们甚至开始看到某些彩色字母。通常认为这种体验是真正具有联觉的标志。

心理学家对联觉着迷，不仅因为它本身十分有趣，而且联觉是一种有助于回答有关感知难题的工具。

其中一个就是"约束问题"。在大脑中，不同方面的感官体验有广泛的分布区域，即使是特定的感官，在不同区域也可能表示不同的功能。例如，视觉中对形状、运动、颜色和大小的感知最初都记录在大脑的不同区域。然而，我们将这些广泛存在的感知信息视为一种无缝的、统一的感知。它们如何一起被感知的，这就是所谓的约束问题。

联觉与"正常的"跨模态感知有何关联，基于"功能提取器"的性质，哲学家乔纳森·科恩（Jonathan Cohen）认为联觉与正常感知实际上是相连续的。"功能提取器"是我们的感觉系统从大脑接收的所有输入信息中提取特征的工具。在正常感知中，功能提取器会跨越不同的感官边界进行信息整合。例如，当我们听某人讲话时，我们会提取听觉功能和视觉功能（我们看着他们的嘴唇）来理解他们所说的话。

乔纳森·科恩认为，如果我们用他所说的"专门功能提取

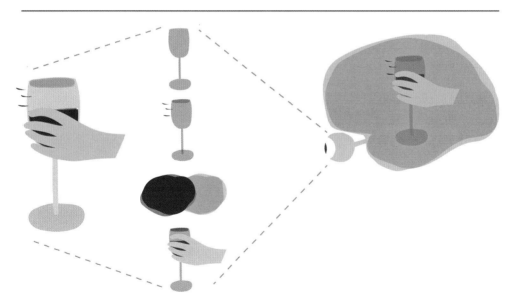

约束问题

　　同一感知的不同方面体现在大脑的不同区域。但是这些方面是如何整合到无缝感知中的？联觉可能有助于解释形状、动作、颜色和大小等是如何在视觉中结合在一起的。

器"来看待正常感知，这就夸大了正常感知和联觉之间的区别。他的观点是，我们不应该以这种方式思考正常感知。相反，他认为，正常感知包括发生在模态内部和模态之间的信息整合，这让我们看到联觉在本质上与正常感知更相似。

然而，其他评论家如查尔斯·斯彭斯（Charles Spence）和奥菲莉亚·德罗伊（Ophelia Deroy），他们认为跨模态感知和联觉之间没有对应关系。在他们看来，联觉是一种病理学；错误的感知为正常的感觉系统如何工作提供了线索。事实上，这是生物学中反复出现的一个主题：疾病或故障揭示了相关的系统如何工作。联觉可能看起来很奇怪，但它强调了这样一个事实：我们所处的世界是高度编辑过的版本，实际上，我们的感觉系统"模仿"现实世界，提取了有用的信息，并以最有效的方式呈现给我们。

联觉和品酒

联觉现象表明，外部刺激感知和特定感觉有意识的感知之间发生了很多事情。为了提高效率，大脑中很多感知过程都是在我们意识到之前预先完成的。还有一些是将不同感知方式的信息交叉在一起，这个功能称为跨模态处理，这与品酒高度相关。实际上，我们所说的葡萄酒的"品尝"是一种多模态的感官体验，包括味觉、嗅觉、触觉和视觉。确实，红葡萄酒的品评在很大程度上依靠"感觉"，而不是品尝。我们眼睛所看到的对我们的"味觉"有很大的影响（在P55有关于更多"多模态感知"的解释）。

吉尔·莫罗特（Gil Morrot）、弗雷德里克·布罗歇特（Frédéric Brochet）和丹尼斯·杜布迪厄（Denis Dubourdieu）在著名的论文《颜色的气味》中提到了葡萄酒，令人难忘。当然，气味是没有颜色的。这个标题是指，即使是专家，在命名气味时也会被视觉所迷惑。

在一个试验中，工作人员邀请54名受试者描述一款真正的白葡萄酒和一款真正的红葡萄酒。几天后，同样的一组受试者描述相同的白葡萄酒和"红"葡萄酒的香气。"红"葡萄酒实际上是相同的白葡萄酒，只是用中性食用色素染成红色。从统计上看，受试者用相似的术语描述了真正的红葡萄酒和"红"葡萄酒，即使其中一种实际上是白葡萄酒。他们的味觉和嗅觉受到颜色的影响。这说明，视觉在品酒过程中的作用比我们想象的要大。

温迪·帕尔（Wendy Parr）和他的同事对这项工作进行了后续研究，研究了颜色对葡萄酒感知的影响。他们专门研究了由颜色在葡萄酒专家和社交饮酒者中引起的偏差，并试图确定能否将社交饮酒者的相对缺乏葡萄酒风格经验排除在葡萄酒专家的知识驱动型嗅觉偏差之外。

在一定程度上是这样的，但新手仍然受染成红色的白葡萄酒的颜色影响，尽管与葡萄酒专家的方式不同。新手们用

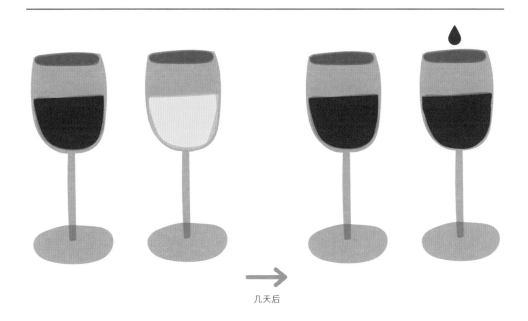

几天后

布罗歇特实验

让专家描述这两种葡萄酒种的香气，一种是红葡萄酒，另一种是白葡萄酒。几天后，让他们再次品尝，描述相同的葡萄酒的香气，但是这次是把白葡萄酒用中性食用色素染成红色。专家用了红葡萄酒香气描述语描述了被中性食用色素染成红色的白葡萄酒，这表明了颜色在葡萄酒品评中的重要性。

的葡萄酒描述语似乎很随意，帕尔认为他们是通过自上而下的处理而受到颜色的影响（他们的思维影响了对感官信号的描述）。然而，他们没有足够的知识或信心，不知道如何处理假的红葡萄酒。当葡萄酒专家在不透明的玻璃杯中判断葡萄酒香气时，他们会做得更好，因为葡萄酒专家不允许颜色把他们引入歧途。相反，没有视觉提示的新手表现得更差一些。在缺乏视觉提示的情况下，葡萄酒专家比新手更依赖于数据，而且实际上他们是在描述玻璃杯里有什么。

实际上，当经验导致我们错误地理解正在感知的事情时，就会产生感知偏差。例如，葡萄酒鉴赏家可能会闻到一些实际上并不存在的气味，这是因为他们通过葡萄酒的颜色或标签对酒的期望值更高。在帕尔的实验中，作为视觉上的错误信息提示，颜色会影响葡萄酒专家对酒的判断。社交饮酒者由于缺乏专业知识因而能避免犯这种错误——他们并不知道该期待什么。社交饮酒者认为评判葡萄酒很困难，而且他们没有表现出与专家们相同的颜色驱动偏见，而是没有颜色区分地评判葡萄酒。尽管葡萄酒专家们有一定程度的颜色偏倚，但他们对葡萄酒香气的评判相当准确和一致。

葡萄酒的颜色和期望

牛津大学的查尔斯·斯彭斯通过一项研究来确定，什么会影响人们对风味的辨别和风味强度的感知。"事实证明，红色（如莫罗特等人的研究）之所以是我们感知（就嗅觉和味觉而言）的强大驱动力，原因之一就是红色通常意味着自然界中果实的成熟。"斯彭斯认为语义学和经验明显相关。他补充道："人们对某种东西的期望或它自身的标签，可能在如何解读一种模糊的或矛盾的气味时具有关键作用。"

"令人惊讶的是，专业知识似乎对红葡萄酒的颜色效应没有任何帮助，我见过有些专家完全被颜色愚弄，甚至比新手还多。"

斯彭斯解释说，这种多感官的相互作用是超前意识。"由于不断刺激着我们每个感官的刺激量过大，大脑试图通过自动整合所看、所听、所闻和所尝，来为我们的感知提供帮助，并且仅仅使我们意识到大脑处理后的结果。因此，我们的注意力也无法影响这种跨模态产生的错觉。"

学习跨模态联想对品酒有一定的作用。斯彭斯说，"我没有见过与品酒相关的案例研究，但对于其他研究中涉及的味觉和嗅觉的结合，你的经验（就接触某些食物或某些调味剂和增味剂组合等文化差异而言）决定了你的大脑会整合不同的感官刺激。"

不仅在葡萄酒中发现颜色会影响感官判断，在电影《布里奇特·琼斯（Bridget Jones）单身日记》（2001）中的一个有趣的场景中也提到了颜色与喜好。电影中有这么一幕，无能的布里奇特［蕾妮·齐薇格（Renée Zellweger）饰］正在为她的朋友们准备生日宴会，她做的其中一道菜肴就是韭菜汤。在准备这菜肴时，她用绳子把韭菜绑了起来。但是绳子是蓝色的，绳子的染料也进到了汤里，把汤染成了蓝色。客人们喝汤时，不管味道如何，都觉得很难喝。人类确实不喜欢蓝色的食物。查尔斯·斯彭斯和贝蒂娜·皮克拉斯·菲茨曼（Betina Piqueras-Fiszman）在《完美的用餐：食物和用餐的多感官科学》（2014）（*The Perfect Meal：The Multisensory Science of Food and Dining*）一书中再次引用了这样一项实验：食客在经过特殊过滤的灯光下吃牛排，在用餐的某一时刻，打开正常灯光，用餐者看到他们吃的牛排是蓝色的。结果令人震惊，食客们发现他们一直很喜欢吃的牛排完全难以下咽，甚至令人感到恶心。

通过浏览文献可以发现，在风味方面存在着一些普遍的颜色关联。红色是一种非常重要的颜色，这可能是因为它通常是成熟水果的颜色（在人类进化过程中，水果是一种非常重要的食物来源，水果颜色从绿色或白色变成红色表示成熟）。因此，看起来更红的食物会让我们感觉更甜。绿色是树叶和一些蔬菜的颜色，如果一种食物是绿色的，我们可能会认为它会很酸。在葡萄酒中的某些风味也会被描述为"绿色"。蓝色在食物中是令人反感的。蓝色的食物在自然界中很少见。但有趣的是，蓝色会用来给药品、某些酒精饮料和能量饮料以及某些覆盆子味的饮料上色，也许是因为红色会让人联想到其他的水果。

以上讨论表明，气味、味道和颜色之间的联系比我们想象的更紧密，但实际上这不足为奇。在闻东西之前，我们通常会先用眼睛观察。当我们看到某些事物比较好之后，才可能会用其他感官去探索它，像是捡起它、触摸它、闻它。由于我们把东西放进嘴里之前已经闻到了它的气味，所以嗅觉和视觉通常会同时出现。事实上，视觉在嗅觉中的重要性已用于解释"鼻尖现象"（the "tip-of-the-nose" phenomenon），这是指人们有时会在描述熟悉的气味时出现困难。这难道是因为气味同时以视觉和言语方式出现在我们脑海中，使我们更难用文字去描述它？

颜色和气味的联系

在一篇著名的论文中，艾利·吉尔伯特（Avery Gilbert）及其同事做了两个非常有趣的试验，和气味与颜色之间的联系有关。第一个试验：选择20种试验气味，让人们用颜色对这些气味进行描述。他们发现，所有的20种气味都有明显的颜色特征。2年后，再次对同样的人进行试验，他们发现这些气味和颜色的联系是稳定的。第二个试验：给受试者不同颜色的薯片，让他们将薯片与20种气味进行匹配，发现其中13种气味具有特征性颜色。10年后，路易莎·德玛特（Luisa Demattè）及其同事研究了同样的课题。他们发现，让受试者根据气味选择最佳的颜色匹配时，他们喜好的颜色匹配是一致的。然后，他们测试了气味和颜色匹配之间的稳健性，来研究人类对随机气味和颜色匹配的反应有多快。研究表明，人们对有很强关联的气味—颜色匹配的反应更快、也更准确。

在另一项研究中，杰伊·戈特弗里德（Jay Gottfried）和雷·多兰（Ray Dolan）的研究表明，当图片与气味匹配时，视觉提示可以帮助人们识别气味。

例如，如果给人们展示一辆双层巴士的图片，同时让他们闻柴油的气味，他们可以更快地识别出柴油气味。相反，如果一幅图片和一种气味之间缺乏一致性，如一幅有关鱼的图片和蛋糕的气味，人们识别出该种气味的速度就会慢一些。2013年，叶琳娜·马里克（Yéléna Maric）和穆里尔·雅克特（Muriel Jacquot）让155名未经训练的受试者将24种颜色与16种和食物、饮料相关的天然气味进行对比，从中选择与气味相匹配的颜色。他们发现，颜色匹配结果比简单的随机匹配要好，但是相似气味的颜色选择有显著性差异。

那么，不同的文化对颜色和气味之间的匹配有何影响呢？随后，马里克及其同事进一步扩展这项研究，将法国受试者的结果与英国受试者的结果进行比较。他们发现研究结果高度一致，这两个国家至少在颜色和气味的匹配上是相似的。但是卡梅尔·列维坦（Carmel Levitan）及其同事的另一项研究发现一些显著性差异。他们以14种不同的气味研究了6组不同的文化群体，让他们为每一种气味匹配一致的和不一致的颜色。虽然每个组内的人的颜色匹配是一致的，但是不同的文化群体有显著性差异。这是否是饮食习惯不同引起的？或者可能反映了每种文化群体中香气的不同作用？

不仅食物的颜色会影响我们对风味的感知，食物盘子的颜色对风味感知也有明显的影响。白色盘子能增加食物的甜味，而黑色盘子则能带来更多的咸味，用红色盘子盛食物会减少人的食量。灯光也影响消费和质量。喜欢喝浓咖啡的人在明亮的灯光下喝的咖啡更多，而喜欢喝淡咖啡的人在昏暗的灯光下喝的咖啡更多。还有一些关于颜色、食物和饮料消费的有趣的、令人惊讶的发现。例如，绿色和红色灯光似乎增加了葡萄酒的果香；男性在蓝色灯光下吃得更少。如何解释这些影响呢？查尔斯·斯彭斯猜想，这可能是因为我们期望食物有某种特定的样子，由于和我们的期望不一致而不喜欢它们。

视觉刺激可能会影响我们是否会被某道菜吸引还是排斥，因为我们总是试图在感官上保持某种平衡。例如，人们更喜欢在明亮的灯光下搭配风味浓郁的食物，在昏暗的灯光下搭配更细腻的食物。

我们很自然地发现，绿色的肉是令人生厌的，因为腐烂的肉会变成绿色。蓝色同样令人生厌，尽管我们在食物中不常看到这种颜色。

有一个关于蓝色文化和历史地位的有趣的发现。有人认为，在人类历史上，蓝色是近代才出现的。古代语言缺少描述蓝色的词语，他们认为如果没有一个词语来描述蓝色，人们可能就不会看到它。威廉·格拉德斯通（William Gladstone）（后来的英国首相）在其三卷著作《对荷马和荷马时代研究》（*Studies on Homer and the Homeric Age*）（1858；见P169）中研究了荷马的《奥德赛》中对颜色的引用数量，发现没有描述蓝色的内容。语言研究者进一步跟进格拉德斯通（Gladstone）的发现，得到这样的结论：实际上，在古代世界，除了埃及有蓝色染料，几乎没有任何东西描述为蓝色。人种志学者最近的研究表明，一些部落没有蓝色这个词，在蓝色与绿色方块混合的测验中，他们识别蓝色方块的能力特别差。

一些真正的联觉者会把声音（包括音乐）和颜色联系起来。虽然我们大多数人不能称为真正的联觉者，但是我们可以用一种感觉来描述另一种感觉吗？如果可以的话，我们是否有意识地在做联觉者无意识做的事情呢？

加州大学伯克利分校的斯蒂芬·帕尔默（Stephen Palmer）及其同事研究了颜色和音乐之间的关联并提出疑问，这种关联是否可能是由情绪调节的？人们一度认为，不同的美学领域可能通过共同的情感联系而相互关联。帕尔默让研究对象从37种颜色中选择在不同音乐中表现最好以及最不好的5种颜色。大调快速的音乐和更浅、更饱和、更黄的颜色相关，小调更缓慢的音乐和更深、更不饱和、更蓝的颜色相关。这些颜色选择的情感等级与音乐选择的情感等级相匹配，表明情感是这种关联的媒介。

气味和颜色的匹配

由于使用文字描述气味感知有一定的困难，所以香水公司找到了除文字描述之外其他推销产品的方法。一种选择是用液体本身的颜色以及香水瓶子或包装的颜色让消费者了解香水的香味。多项研究表明，气味和颜色之间具有一致的关系。2004年，瑞里克·希弗斯坦（Rick Schifferstein）和塔努贾贾（I. Tanudjaja）研究了复杂香气和颜色之间的匹配。他们发现了这样一个重要的联系并得出结论：情绪可能是颜色和气味之间的联系。内尔·戴尔（Nele Dael）及其同事最近的一项研究表明，情绪和颜色在很大程度上也可以匹配。

我们都有一种关于味觉和嗅觉的联觉，这可以通过甜味和某些气味的联系来举例说明，例如香草冰激凌。香草冰激凌尝起来很甜——事实上，香草常用于做一系列的甜点，很少用来做咸味

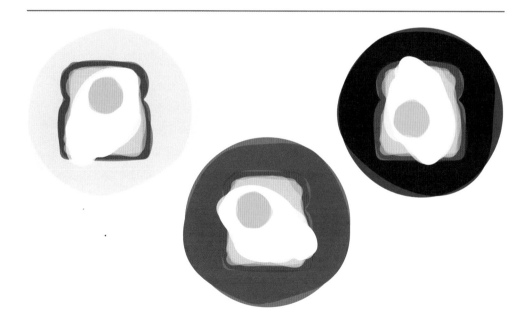

颜色影响味道

　　盘子的颜色在味道感知中非常重要。白色的盘子能增加甜味，黑色的盘子能带来咸味，而红色的盘子能减少人们的食量。如果你比较胖，也许可以买一些红色的餐具来帮助减肥。餐馆也应该意识到餐具将会改变顾客对食物品尝的体验。

的菜肴。

因此，香草味最常和甜味一起出现，这种感觉同时出现意味着对大多数人来说，香草味是一种"甜"味，尽管五种基本味觉之一的甜味我们是闻不到的。的确，有些葡萄酒——尤其是我喝过的一些干型琼瑶浆和麝香葡萄酒——品尝时在鼻子和上颚之间有一种脱节的感觉。它在鼻子中闻起来是"甜"的，但令人惊讶的是在上颚中感觉是干型的。严格地说，这种"甜"味是一种通过经验习得的联觉形式。

音乐对品酒的影响

众所周知，环境会影响我们饮用葡萄酒的体验和享受。查尔斯·斯彭斯、奥菲莉亚·德罗伊及其同事们在科学期刊《味道》上发表了一篇论文，他们研究了古典音乐和美酒之间可能存在的跨模态对应关系。他们想要了解，听音乐是否能以可测量的方式影响饮酒体验，以及听音乐是否会影响葡萄酒品尝。

为了回答这个问题，他们以26名葡萄酒饮用者、4款相当不错的葡萄酒［2010年的罗曼·迪迪埃·达格诺·普伊·富美·弗林特酒庄酒（Domaine Didier Dagueneau Pouilly Fumé Silex 2010）、2009年的罗森酒庄酒（Domaine Ponsot Clos de la Roche 2009）、2004年的玛歌酒庄酒（Château Margaux 2004）、2001年的克莱门酒庄酒（Château Climents 2001）］和5段音乐：莫扎特D大调长笛四重奏（K285-第一乐章，快板）；柴可夫斯基D大调第1弦乐四重奏-第二乐章（行板如歌）；拉威尔F大调弦乐四重奏-第一乐章（中板快板，非常柔和、甜美的）；德彪西名曲Syrinx；拉威尔F大调弦乐四重奏-第一乐章（适当地快）进行试验。参与者品尝葡萄酒，并在有音乐和没有音乐的情况下对葡萄酒进行评级，同时对古典音乐和美酒的特定搭配进行评级。在另一个试验中，参与者将气味与同一音符的不同音高进行搭配。

结果显示，某些特定的音乐和葡萄酒的搭配似乎特别和谐（或不和谐）。柴可夫斯基的第一弦乐四重奏与2004年的玛歌酒庄的酒非常相配，而莫扎特的D大调长笛四重奏与普伊·富美（Pouilly Fumé）的酒非常相配。相比安静地品尝葡萄酒，参与者在聆听匹配音乐时感觉葡萄酒更甜，也更享受这种体验。

音乐的影响虽然不大，但确实存在。由于试验中有太多环境噪声，使得试验显著性降低。毕竟音乐是非常个性化的，我们自身所接触的音乐对我们的音乐喜好有很大的影响，并且反复聆听特定类型音乐时，音乐喜好也会发生巨大变化。音乐也有激发情感的能力，但是也会出现某一段音乐可以极大地打动一个人，另一个人却毫无感觉的情况。

用现代音乐来重复这种实验很有趣，而且是在参与者没有意识到该实验是在研究音乐对品酒的影响的情况下，偶然放出音乐。只在背景音乐播放时，让参与者对葡萄酒打分。可以在不同的音乐背景下，品评同一款葡萄酒，或者在不同的环境品评相同的葡萄酒。斯彭斯和德罗伊的研究中有一个更有趣的发现：音符的音高与特定的香气之间存在关联。一些香气更偏向低音，一些香气更偏向高音。这一发现表明，品酒师在品酒札记中用音乐来比喻自己的品酒体验可能是合适的。

本章主要探讨了这样一个观点，感官并不像我们所认为的那样是分离的。联觉，即感官混淆，是一种非同寻常的体验。在这种情况下，一种感觉会明显随机地引发出另一种感觉。虽然大多数人都不是真正的联觉者，但当感知周围世界时，在无意识的情况下，我们的感官会混淆。颜色（视觉感知）在这方面显著地影响着我们的味觉和嗅觉。在下一章中，我们将详细介绍味觉和嗅觉，然后进一步研究大脑是如何整合各种感觉信息来形成我们对风味的感知的。

第 2 章

嗅觉和味觉

嗅觉和味觉是两种"化学感觉"，我们已经充分地了解了它们是如何影响我们对食物和饮料的感知。传统上来看，感觉被分成离散的单元或"形式"，因此味觉和嗅觉被分开研究。这样更容易研究，但实际作用有限，因为味觉和嗅觉几乎总是以相互依赖的方式被我们感知。此外，有证据表明，我们的嗅觉不止一种，而是两种。本章我们将探讨嗅觉和味觉，这是下一章的必要基础，下一章我们将探讨所有感觉如何共同作用来形成我们对风味的感知。

感觉的进化

从进化角度来看，嗅觉和味觉非常古老。单细胞生物获得了运动能力后，为了利用这种新发现的运动能力，"了解"自身所处的环境就变得至关重要。它们获得的第一个感应就是探测环境中的化学物质。因此，光感应成为单细胞生物运动的线索。随着这些感应变得越来越复杂，它们还形成了探测声音、感知触觉的能力。

我们认为，我们所感知的世界就是整个世界，或者说整个现实世界。实际上，我们只能感觉到世界的一部分。想想看，对一只生活在黑暗中的老鼠来说，这个世界看起来一定大不相同。在黑暗中，它们不仅通过视觉感知环境，还通过嗅觉和触觉感知。除了敏锐的嗅觉，老鼠和许多哺乳动物一样，也有高度发达的振动系统，它们利用面部两侧的触须，通过触觉来探测周围环境的特征。就像我们通过视觉绘制环境地图一样，通过触觉，老鼠很可能会在大脑中形成一幅环境地图。再举一个例子，哲学家托马斯·内格尔（Thomas Nagel）提出了一个著名的问题：做一只蝙蝠的感受是怎样的？声呐导航会给我们一个与众不同的感知世界的视角。

我们自身没有探测环境中某些元素的系统，比如紫外线或无限电频率，所以它们不是我们世界视角的一部分，但确实存在。

我们的感觉是进化而成的。我们探测到环境中对自身有用的方面，通过感官输入，然后在大脑中形成对周围所有事物有意识的感知，这就是我们所认为的现实世界。这种对现实的感知也与嗅觉和味觉有关。环境中有许多化学物质没有特殊的气味或味道，而且面对不同的气味和味道，我们的阈值大不相同。我们能够在很短时间内觉察到一些化学物质，然而对于其他化学物质，我们可能需要很长时间才能感知得到。对这种化学物质有意识的感知在个体之间以及随着时间的不同会显著不同。这是为什么呢？你可能认为这是由于我们自身的探测系统受到物理限制，使它们只能觉察到特定分子结构的物质，但一个更令人满意的解释是，我们对特定化学物质变得极为敏感，是因为识别它们对我们来说很重要。

嗅觉的唤起能力

一天晚上，我压碎一个塑料牛奶盒准备回收利用时，闻到了一股轻微的变质牛奶味，它让我直接回到了童年时期。在20世纪70年代的英国，所有的孩子在学校都可以得到免费牛奶，牛奶装在玻璃瓶中，如果天气暖和的话，我们收到的牛奶会稍微有些变质。回收塑料牛奶盒时，那股变质牛奶的味道一直伴随我，它将我立即带回了学校操场，带回了所有与之相关的记忆和情感。从那以后，我再也没有喝过牛奶。对我来说，另一种与情绪有关的味道是防晒霜。住在伦敦时，我很少需要用防晒霜，但当我用它时，它的香气直接把我带到了海滩——这是度假的香味，它营造了一种非常美妙、放松的情感波动。

虽然我们对葡萄酒的感知完全是多模态（或跨模态）的，涉及许多感觉，这些感觉结合在一起成为我们对葡萄酒的感知，但是在这个过程中，有一个主导作用的感觉，就是嗅觉。有人认为我们有两种嗅觉，就像戈登·谢泼德（Gordon Shepherd）在

法国著名作家马塞尔·普鲁斯特（Marcel Proust）非常强调气味和记忆之间的联系。在《追忆似水年华》（*Remembrance of Things Past*）（1913）中，当闻到莱姆花茶的味道，作者仿佛回到了童年时代。

他的《神经美食学》（*Neurogastronomy*）（2013）一书中所说的那样，对嗅闻嗅觉（鼻腔嗅觉）和我们呼吸时在口腔后部形成的嗅觉（鼻后嗅觉）进行了区分。

我根据两种嗅觉主要功能的不同提出一个稍有不同的分类。首先，嗅闻嗅觉告知我们周围环境的有用信息。其次，嗅觉在风味的判别中发挥着作用：通过嗅闻确定食物或饮料是否是好的，免去我们亲自品尝食物或饮料的麻烦。这样是更好的分类，因为这不仅涉及嗅闻气味，还包括嗅闻嗅觉和鼻后嗅觉这两种类型的结合，鼻腔嗅觉（嗅闻嗅觉）在嗅觉的两个功能中都起着重要作用。因此，从嗅觉的功能（环境采样与风味）角度来分类可能比从鼻腔嗅觉和鼻后嗅觉进行分类更有用。

但是嗅觉的这些功能是有重叠的。这种重叠表现在我们对气味和风味喜好的评价上，即我们喜欢或不喜欢的程度。因为嗅觉涉及风味和环境采样，所以喜欢或不喜欢某种气味是这两个嗅觉系统共同运作的结果。由此可见，我们对气味喜欢程度的判断结合了两种嗅觉截然不同的生物学功能。研究表明，在喜好方面，嗅觉和味觉也是相关的。一种气味有着良好的味觉，会增加我们对这种气味的喜欢。此外，只要不是令人讨厌或真正吸引人的气味，反复嗅闻一种气味会让我们更喜欢这种气味。

鼻后嗅觉在风味感知上很重要，但是我们常常没有意识到这是来自于嗅觉。因为大脑将其接收到的鼻后嗅觉信号定位于嘴巴，在嘴巴中通过触摸来感知食物或饮料。这是合乎逻辑的，因为对于我们来说，即使鼻子中闻到香气分子，重要的却是将嘴巴中食物的特性归因于该食物，是触觉为我们做了这些事。然后，大脑将嗅觉信号与味觉和触觉结合起来，形成一个无缝衔接的、单独的风味感知。一些研究人员认为，相同的香气分子在鼻腔和鼻后闻到的气味是完全不同的，但并非所有科学家都接受这一观点。

嗅觉是一个重要的感觉，但它并没有得到应有的称赞。人们

在过去，难闻的气味通常与疾病有关。在14世纪和15世纪的黑死病期间，人们认为香味可以防止鼠疫蔓延，通过闻香水、香草和芳香树木来保护自己不受鼠疫空气传播的感染。医生们戴有喙状突出的面具，里面装满新鲜的药草和干燥的花瓣。甚至在17世纪，英国法官在探访监狱时，还会戴上一束香草，以预防斑疹伤寒。

只有失去它，才会意识到嗅觉有多么重要。嗅觉缺失症（嗅觉丧失的医学名称）可能由许多原因造成，包括头部创伤、各种疾病以及先天性丧失（从出生就丧失了）。由于嗅觉对风味感知至关重要，患有嗅觉缺失症的人会从食物和饮料中失去大部分乐趣。嗅觉对情感而言也很重要：只有当我们失去嗅觉时才明白它的重要性。嗅觉缺失对我们的影响非常大，我们确实低估了嗅觉在人类对世界日常感知中的作用。

人类失去了嗅觉吗？

有这么一个普遍的观点，虽然嗅觉在其他哺乳动物中是一种重要的感觉（狗的主人会知道狗在路上嗅来嗅去用了多少时间），但在人类中，嗅觉的重要性并没那么大，而且我们的嗅觉能力已经减弱了。人类在进化过程中是否通过嗅觉来嗅闻？2004年，约夫·吉拉德（Yoav Gilad）及其同事发表了一篇论文，他们在论文中提出，在灵长类动物进化过程中，人类用他们的嗅闻技能获取了三色视觉。研究人员观察到，虽然人类有大约1000个嗅觉受体基因（在我们的基因组中一共有30000多个不同的基因），但大约只有400个基因真正发挥作用，其余的都是所谓的伪基因。也就是说，这些伪基因编码可识别的嗅觉受体蛋白，但实际上并不生成这些受体蛋白，因为基因的表达受到了阻碍。

我们回顾一下，看看气味是如何在鼻子里被探测到的。在鼻腔后面有几个淡黄色补丁状的组织，上面覆盖着纤毛，纤毛漂浮在一层黏液上，这些补丁大概有一张邮票那么大。纤毛附着在嗅觉受体神经元的神经细胞上，这些神经细胞又直接连接到一个称之为嗅球的大脑结构中。这些受体神经元（平均每个人的鼻子里大约有1200万个受体神经元）的寿命只有1个月左右，而且在不断地更换，与普通的神经元不同。

当空气经过嗅上皮时，各种各样微小的空气分子能够溶解在黏液中，并找到通往纤毛的路，在纤毛中与嗅觉受体的特殊蛋白质相互作用。当受体与这些"气味分子"作用时会产生一种

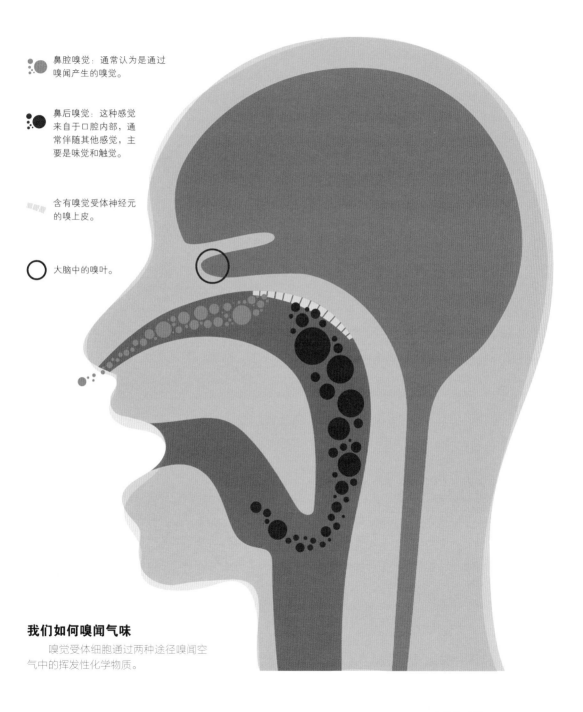

鼻腔嗅觉：通常认为是通过嗅闻产生的嗅觉。

鼻后嗅觉：这种感觉来自于口腔内部，通常伴随其他感觉，主要是味觉和触觉。

含有嗅觉受体神经元的嗅上皮。

大脑中的嗅叶。

我们如何嗅闻气味

嗅觉受体细胞通过两种途径嗅闻空气中的挥发性化学物质。

电信号，然后电信号沿着神经传递到大脑中一个叫作"嗅球"的部位。

令人感到神秘的是，我们不确定气味分子如何与嗅觉受体相互作用，也不确定到达嗅球的电信号如何进一步产生信号，这些信号经过进一步处理将产生嗅觉。但是这与品尝和了解葡萄酒高度相关。另外，除了嗅觉神经元，我们鼻上皮还有三叉神经末梢。这些神经末梢遍布口腔，它们的功能是感知触觉、压力、温度和疼痛。相对而言，很少有气味分子只刺激嗅觉受体。

这400个左右的嗅觉受体基因中，每一个基因对一组相关的气味分子具有选择性。但这里有一些争议，因为我们不知道嗅觉受体究竟是如何检测气味的。主流观点认为，嗅觉受体能够识别化合物的分子形状，并且每个受体都能与气味成分的形状相匹配。当受体与香气分子结合时会释放化学信号，引起神经兴奋。但是，

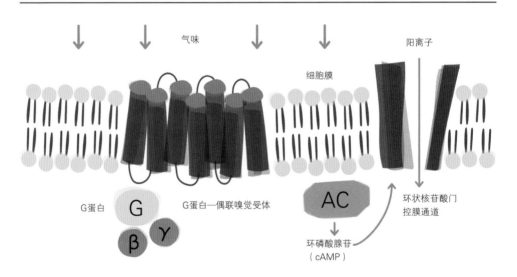

嗅觉受体

G蛋白—偶联嗅觉受体检测出"特定的"气味分子（空气中的挥发性化学物质），G蛋白激活腺苷酸环化酶，信号通过G蛋白。最终环磷酸腺苷（cAMP）打开环状核苷酸门控膜通道，使阳离子通过去极化细胞，从而产生神经信号。这个生化过程是产生嗅觉的基础。

钱德勒·伯尔（Chandler Burr）著名的畅销科普书籍《香水皇帝》（*The Emperor of Scent*）（2004）一书中描述了研究人员卢卡·都灵（Luca Turin）的另一种观点。都灵专门研究香气，他写了很多关于香水的文章，他认为受体的形状识别理论存在很大问题。

相同的分子形状，不同的气味

这是一个手性问题。从本质上讲，手性就像双手一样，双手非常相似，但是彼此互为镜像。有些分子也是如此，它们具有相同的分子式和结构，但是互为镜像，这些分子被称为对映异构体。你可能认为对映异构体或镜像分子的气味闻起来是相同的。实际上，虽然它们结构非常相似，但气味闻起来很不同。

最著名就是香芹酮。香芹酮的正负两种对映体结构相同，只是互为镜像，一种闻起来是留兰香，另一种闻起来像香芹。在一项实验中，都灵及其同事将具有山楂和橙花独特气味的纯苯乙酮与完全氘化的苯乙酮进行比较。氘是重氢，所以两个苯乙酮分子具有相同的结构，但是其中一个是由重氢构成。

尽管苯乙酮和氘代苯乙酮结构相同，但它们的气味却不同。这与受体的形状识别理论不符。如果结构非常不同的化学物质闻起来气味非常相似，而结构非常相似的化学物质闻起来气味却非常不同，这该如何解释？都灵令人兴奋但具有争议的观点是，嗅觉受体不是识别分子的形状，而是识别分子的电共振。

在这种情况下，尽管氘化的苯乙酮与普通的苯乙酮具有相同的结构，但它们的振动光谱不同。

如果人类有400个不同的功能性嗅觉受体，那么我们是如何辨别成千上万种不同的气味的？这是一个非常有趣问题，答案似乎是模式识别。正如后文所说，大脑有一种方式，能将嗅觉受体激活模式转化为对嗅觉的感知。

人类用嗅觉来交换色觉吗？

我们回顾一下这样一个观点：在进化过程中，人类将大量的嗅觉受体基因（60%）进化为伪基因。该观点认为，如果一个生物体较少依赖嗅觉，更注重其他感觉，那么它就能用更少的嗅觉受体进行充分的嗅闻。

吉拉德及其同事研究了19个灵长类物种，对每个物种的100个嗅觉受体基因进行测序。除吼猴外，旧大陆猴的嗅觉受体伪基因占比与猿类相似，但比大多数新大陆猴的嗅觉受体伪基因占比高。吼猴和旧大陆猴随着嗅觉敏锐度逐渐丧失，各自进化形成了三色视觉的新特性。

视网膜中有三种色素，称为视蛋白，它们共同构成全色视觉。有人认为这是一种感观平衡，我们看得更清楚了，而嗅觉变差了。这个观点很吸引人，却也遭到了质疑。

2010年，由圭人仁村（Nioshihito Nimura）带领的一组日本研究人员再次研究了这个问题，但是这次是对灵长类动物基因组进行高分辨率扫描，研究了所有嗅觉受体基因，而不仅仅是一小部分基因。他们分析得出结论：没有证据表明嗅觉基因的丢失与三色视觉的形成同时发生，嗅觉基因似乎是在各个谱系间

伪基因往往出现在大型基因家族的进化中。大型基因家族已经有足够多的基因来实现某项功能，而更多相同的基因并没有额外作用。猿类大约有30%的嗅觉受体基因是伪基因，而小鼠的嗅觉受体伪基因有20%。

嗅觉受体的发现

1991年，分子生物学家琳达·巴克（Linda Buck）和理查德·阿克塞尔(Richard Axel)取得了一个非凡的发现，他们凭借这一发现获得了2004年的诺贝尔生理学或医学奖。在此之前，没人知道鼻子是如何探测气味的。巴克和阿克塞尔发现这是由于在嗅上皮中形成了嗅觉受体的膜蛋白家族。

他们利用分子生物学工具，从基因大家族中识别出了18个不同基因，这些基因编码了一组被称为"跨膜G蛋白偶联受体"的特殊受体，这些受体只存在于嗅上皮上。在微观层面，受体在嗅觉受体神经元的末端嵌入纤毛壁，它们与从外部环境进入鼻子的气味分子（气味物质）相互作用，溶解在湿润光滑并保护嗅上皮的黏液薄层中。

每个嗅觉受体神经元只有一种类型，当遇到其所能识别的一个或多个气味分子时会产生电信号。大脑根据以往识别气味及其相关分子的经验，从接收到的特定电信号中识别气味。强烈的气味会持续产生电信号。

逐渐丢失的。此外，人类的嗅觉表现可能并不比其他灵长类动物差。

事实上，目前的研究认为人类实际上很擅长嗅闻。我们虽然可能比其他哺乳动物的有效嗅觉受体基因少，但是使用嗅觉的方式与其不同，我们以一种巧妙的嗅觉信息处理方式来弥补嗅觉受体数量的缺乏。因此，尽管我们可能惊讶于狗敏锐的嗅觉，但不应该自然而然地认为狗的嗅觉比人类更好。或许我们更擅长鼻后嗅觉及其对气味的辨别。步行穿过当地公园时，在凭气味获取踪迹方面，我们无法与狗相提并论。但是一旦将食物放入嘴里，我们的嗅觉就会非常灵敏，并且由于风味的贡献使得我们的嗅觉极其敏感。看看美食在现代社会中的影响力，有多少人愿意为优质葡萄酒和顶级餐厅买单。所以说，我们的嗅觉并不仅仅具有粗略检测的能力。

在《香气：嗅觉文化史》（*Aroma*：*The Cultural History of Smell*）（1994年）一书中，康斯坦斯·克拉森（Constance Classen）、大卫·豪斯（David Howes）和安东尼·辛诺特（Anthony Synnott）探讨了嗅觉在人类日常生活中曾经是一个比在现代西方文化中更被认可、更重要的感觉。其中有一个例子，孟加拉湾安达曼群岛的昂格人通过气味定义所有事物：他们的日历基于一年中不同时间盛开的花朵香气形成。当昂格人互相打招呼时通常会问："你的鼻子怎么样？"

克拉森等人认为："显然，这种具有气味的景象并不是固定的，而是根据大气条件可以移动和变化的。也许是因为安达曼人的文化重视嗅觉并将以此作为一种生活秩序，所以他们对空间本身的理解与大多数西方人不同，他们认为空间是事物发生的静态区域，但更多的是动态环境流。例如，考虑一个村庄的空间时，这个空间的大小和概念随着时间的推移而波动：村庄变大或变小取决于村庄中是否有具有浓郁气味的东西（如猪肉）、热量、风的强度等。"

还有更多的例子。对于巴西波罗洛人来说，身体的气味与

一些文化历史学家认为，西方社会对嗅觉的重视程度不高可能是因为数百年前在认知界发生了嗅觉降级。不知何故，在现代西方社会中，已经把嗅觉看作是一种基本的、原始的感觉，但这种观点在其他地方不一定正确。

个人生命力有关，而呼吸与灵魂状态有关。你可以想象到，在雨林环境中灵敏的嗅觉特别有用，因为茂密的植被让人很难看到远处。生活在雨林环境中的新几内亚原住民似乎对这些具有警示的气味非常警觉。众所周知，塞皮克河地区的梅田人具有特殊的技能，他们能够发现篝火产生的微弱烟味，发现可能藏在林冠层里具有刺鼻气味的负鼠。

巴西苏雅人将动物按气味分类，而不是根据其生理特征或栖息地进行分类，他们也使用类似的术语对人类进行分类。苏雅人对人类气味的分类根据性别和年龄而变化，他们的"嗅觉意识"比西方文化高出很多，因为对他们而言，气味的意义不仅仅在于引起对方喜欢或讨厌。苏雅人从气味的角度思考问题。就像某些颜色或声音对西方人具有象征意义一样，对苏雅人而言气味具有象征意义。在我们的文化中，气味不是以同样的方式编码的。在第8章中我们还将看到，描述味觉和嗅觉变化的词汇很有可能是一种文化现象，而不是生物学的影响。

我们有400个有效的嗅觉受体基因，可以分辨出多少种不同的气味？实验表明，在视觉系统中，我们有3种不同的色素（视蛋白），可以分辨出100万~200万种颜色。教科书通常说，我们可以区分1万种不同的气味，但是并没有充分证据证明这一被广泛引用的数据。

然而，2014年发表的一篇论文引起了极大的轰动。卡罗琳·布什迪德（Caroline Bushdid）及其同事决定研究人类嗅觉到底有多么的灵敏，他们测试了人类从128种气味分辨10种、20种和30种混合气味的能力。他们根据测试结果，使用一种数学方法进行推断并得出结论：保守估计，我们可以分辨超过1万亿种不同的气味。这一惊人的结果与人类的嗅觉比之前认为的更灵敏的观点产生共鸣，但却备受争议。另一位研究人员马库斯·梅斯特（Markus Meister）认为计算这一数据的数学方法存在问题并进行证明。他指出，如果将相同的计算方法应用于视觉研究，可以预测，我们能够分辨无限范围的颜色，然而并不能。因此我们不可

闻起来"愉悦"的事物可能与文化有关，而不是放之四海而皆准。据报道，埃塞俄比亚养牛的达萨尼奇人发现牛的气味很美，他们甚至在牛尿中洗手，用牛的粪便涂抹身体。

能闻到1万亿种不同的气味。在缺乏恰当的数据时，最好还是引用"几千种"代替比较合适。

400个嗅觉受体的潜力

我们回到这个问题，400个嗅觉受体如何感知更多不同的气味？如果每个嗅觉受体对每一个气味分子都具有特异性，那么我们只能分辨出400种不同的气味。即使无法分辨出1万亿种气味，我们可以嗅到的气味的实际数量也远远超过400种。解决此问题的第一步，我们要将受体空间（气味遇到嗅觉受体时在鼻腔中发生的反应）和感知空间（我们感知到的气味）这两个维度区分开来。两者不是相同的维度，因为它们做着不同的事情。考虑该问题时可以把它和触觉联系起来。我们不像我们的祖先那样"毛茸茸"的，但是皮肤上仍然有大约300万根毛发。每个毛囊都有一个机械刺激感受器，能够感受毛发的变动。虽然我们可以敏感地感受到一根头发的弯曲，但是我们无法感知所有头发不同的弯曲方式。你可以自己测试一下，在略有不同的位置分别抚摸自己的头发，即使头发弯曲的方式和实际激活的机械刺激感受器有所不同，我们的感觉也是差不多的。

因此我们通过物理激活（受体空间）感受到触感（感知空间），而这可能是在嗅觉中发生的：各种嗅觉受体激活模式的不同可能会形成相似的气味，而大脑会以巧妙的方式解释这些模式。在大多数情况下，受体激活与特定气味之间不存在线性关系。

嗅觉受体的空间维度与感知到的气味分子的数量和浓度、受体蛋白的结构以及气味分子与蛋白结合的方式有关。感知空间的维度与受体空间完全不同，受我们嗅觉能力进化的影响，这包括环境中气味的性质、我们基于这些气味做出的各种决策以及将特定气味与重要事件相关联的方式。大脑中的处理过程在受体空间和感知空间之间建立了联系。我们思考一下，大脑工作时是如何处理混合气味的。

大多数有关嗅觉的研究都涉及单一气味的嗅闻过程，但在现实生活中，尤其是在葡萄酒中，我们闻到的是多种气味的混合体。

我们认为每个嗅觉受体神经元表达一种类型的嗅觉受体，并且每个受体都能对多种气味做出反应。不同气味之间的相互作用可以发生在不同嗅觉处理水平上。首先，在受体位点有相互作用。这些相互作用可以是竞争性的，也可以是非竞争性的。一对气味分子可能是激活剂（它们都与受体结合并激活受体）或拮抗剂（它们都与受体结合，并且其中一个与受体结合但不激活受体）。查普特（M. A. Chaput）及其同事在2012年发表的一篇论文中表明，两种葡萄酒香气的混合物——威士忌内酯的木头味和乙酸异戊酯的果香——在末梢区域（受体）和感知（气味）反应之间存在直接联系。

他们发现威士忌内酯和乙酸异戊酯同时作用于单个嗅觉受体神经元，这证实了受体对混合物的反应不是单个化合物作用的简单叠加。也就是说，气味之间存在一种相互作用，这种相互作用通常发生在受体本身上。将威士忌内酯加入到乙酸异戊酯中部分抑制了乙酸异戊酯对嗅觉受体的活化，但是在某些混合物中，威士忌内酯实际上可以加强这种活化。

在人体实验中，高浓度的威士忌内酯会降低人体对乙酸异戊酯的感知强度。但有趣的是，低浓度的威士忌内酯可以增强乙酸异戊酯的果香。这对葡萄酒有明显的启示，因为橡木桶为葡萄酒提供了威士忌内酯，尤其是新木桶，特别是美国橡木制成的桶能提供更多的威士忌内酯。另一个有趣的发现是，一种气味的亚阈值水平（我们根本无法闻到其气味）会影响另一种气味的嗅闻方式。

脱敏和交叉适应

品酒的陷阱之一是我们的感觉系统具有相当好的延展性。以视觉为例，如果你在阳光下，然后走进一个稍暗的房间，

嗅觉面临的挑战是从高度复杂的气味混合物中提取相关信息，我们必须快速地对这些信息做出相应的反应。

需要一段时间才能看到所有东西。因为你的视觉系统需要一段时间来适应周围的环境，我们认为这是理所当然的。同样的，如果你戴上有色太阳镜，视觉系统会适应这样的颜色，当取下太阳镜时，你看到的所有事物都会有奇怪的偏色，需要过一段时间偏色才能消失。嗅觉也会发生类似的适应性，称为脱敏。

举一个生活中的例子，我们进入一个房间时发现它有明显的臭味，但过一会儿，我们会感觉强烈的气味逐渐变淡，习惯气味的存在是我们一个重要的能力。这并不是完全适应，仅仅是减弱了特别强烈的气味。

除了脱敏，还存在一种称为交叉适应的现象。当对x气味的适应过程导致对y气味的某种适应时，就会出现这种情况。虽然脱敏会对品酒有影响，但交叉适应的危害更大。如果品酒室中有反复出现或持续存在的气味，人们就会对该气味失去敏感性。

这种气味可能是酒的成分，也可能是环境气味，例如咖啡味，油漆味或烹饪味。但是，如果环境中的气味是葡萄酒中具有的香气，就会在你没有意识到的情况下影响你对葡萄酒的感知。因此，连续品尝同一种葡萄酒可能受到较大的影响。

当一个与你正在品尝的葡萄酒无关的气味改变了对葡萄酒成分的感知并因此改变了对葡萄酒的感知时，交叉适应就成为了一个更大的问题。与此相关的一个大问题是该过程的完全不可预测性，我们并没有意识到这个过程正在发生。你是否曾经与别人坐在一起喝了一晚上的酒，和别人讨论葡萄酒的变化？人们通常认为是葡萄酒变化了，但是事实可能并非如此，变化的可能是我们自己。

为了防止交叉适应，建议葡萄酒评委最好在短时间内品评葡萄酒。评委之间的品尝顺序也需要打乱（理想情况下，品评是随机的。不过，让一名评委倒序品评，而让另一名评委先品尝奇数编号的葡萄酒，再品评偶数编号的葡萄酒，这样操作起来更简

适应现象可以解释为什么有些人有严重的体臭问题，但他们自己似乎没有注意到。如果他们注意到了，可能会采取相应的措施。

嗅觉和味觉　37

单）。品评时，从一种类型的葡萄酒转换为另一种类型的葡萄酒是有道理的，并且在品评中交替进行同样也是明智的。如果可能的话，应该消除房间中所有明显的香气，并且评委品评时应该定期休息一下。

大卫·迈克尔·斯托达特（David Michael Stoddart）在他《有香味的猩猩》（*The Scented Ape*）（1990）一书中探讨了人类气味的生物学和文化。他对人类气味的重要性以及近些年我们的文化如何看待人类气味（好像我们应该为此感到尴尬），提出了一个引人入胜的观点。斯托达特想象着一个观察者会如何看待我们这些西方化的人类。我们严格的卫生习惯使我们认为体味是令人不愉快的和令人讨厌的，尽管这是我们经过进化而产生的一种独特气味（与其他任何高等灵长类动物相比，人类有更多的气味腺），而且我们有高度协调的嗅觉。他指出，与此相关的是，我们竭尽所能去除体味，但在香水和有香味的化妆品上的花费明显，像阑尾或尾骨一样，人的体味远未弱化。

人类的皮肤是一个复杂的器官，我们大多数人都有大约2m²的皮肤。

在进化过程中，虽然我们失去了大部分的毛发，但是并没有失去保护毛发的腺体。这些腺体能够分泌大量的化合物，这些化合物会散发出气味，或着被微生物代谢从而生成各种各样的芳香分子。皮肤上大约有300万个汗腺，在某些条件下，我们每天最多可以出12L的汗，通过蒸发给自身降温。在各种汗腺中，顶泌汗腺对于气味的产生最为重要，其主要分布在腋窝和性器官附近。有趣的是，腋窝顶泌汗腺存在着显著的种族差异：韩国人和日本人的腋窝顶泌汗腺要少得多。与腋毛相关的大量微生物能够散发相当大的气味。然后是皮脂腺，它会产生浓厚的油性分泌物，该分泌物会被腺体中的细菌分解，产生一系列有臭味的脂肪酸。身体产生的唾液和尿液也是人类气味的重要来源。简而言之，我们有可能会臭臭的，但臭是有原因的。

我们生活中遇到的所有气味并不是都在我们体外：人也有气味。但是在西方，告诉某人他们有味道被认为是一种侮辱。我们可以将其改成说他们闻起来很香，这是一种称赞，仅仅将其说成"气味"就会被他们认为是不好的。但情况并不总是这样。

气味对择偶的影响

越来越多的研究表明，我们的体味对于寻找性伴侣可能很重要。1995年，瑞士研究员克劳斯·韦德金（Claus Wedekind）进行了一项著名的实验（见P40），除了考虑嗅觉影响选择伴侣外，他还研究了实验参与者的免疫组成。具体来说，他检查了参与者的HLA单倍型。HLA代表人类白血球抗原，简而言之，一个人的HLA组成反映了其免疫类型。对于器官移植，外科医生会在器官捐赠者和接受者之间找寻良好的HLA匹配。

韦德金的实验结果令人惊讶。虽然女性更喜欢与自己HLA类型最不相似的男性的T恤，但也有不同。与之相反的结果是，那些正在服用口服避孕药的女性参与者更喜欢HLA类型与其相似的男性的T恤。韦德金指出：首先，似乎一个人的气味会影响其对我们的吸引。在这种情况下，女性是根据气味进行选择的。其次，女性更倾向于选择基因上与自己不同的男人。

正如其他研究结果一样，一对夫妇在基因上越相似，除了众所周知的近亲结婚有关遗传疾病外，他们在受孕方面也越有可能出现问题。有一种现象叫作杂种优势，两个亲本的基因相差越多，子代就越健康、越强壮。这也解释了为什么杂交犬比纯种犬便宜。

为什么女性服用避孕药会产生相反的结果呢？因为避孕药充分模拟了孕期荷尔蒙的状态，因此女性不会排卵。一个怀孕的女性（或一个服用避孕药的人，她的身体会认为自己已经怀孕了）可能希望身边有亲人，或者可能希望具有共同基因的人来帮助抚养孩子。韦德金还提到了那些在女性服用避孕药时结成夫妇后来又离婚的情况，反之亦然。

他们婚姻的稳定性受到威胁，可能是因为在新的环境下，男性的气味不再吸引她。

这种研究结果非常吸引人，而任何优秀的科学家都会谨慎地对待有趣的研究结果，避免推测得太离谱。那么，关于这个主题

顶泌汗腺在应对恐惧、愤怒和性刺激时会改变其分泌物。这些变化可以觉察得到，并且有可能改变其生理机能。因此，如果你感受到性刺激或恐惧，其他人可以通过你的气味察觉到，但是这对他们来说有多明显就很难说了。

还有其他的研究吗？毫无疑问，鉴于有趣的结果，答案肯定是有的，但后续这些研究的结果有些混杂，可能一部分原因是因为研究方法的复杂性以及所研究的人群规模不同。

在2006年的一项研究中，新墨西哥大学的克里斯汀·加弗·阿普加（Christine Garver-Apgar）及其同事研究了具有相似HLA基因的人是否会对彼此的现有关系产生影响。他们发现，随着夫妻共有的HLA等位基因（基因的一种替代形式）比例增加，女性对伴侣的性反应降低。她们有了更多的风流韵事，特别是在月经周期的受孕阶段，对其他男性的吸引力也增强了。有趣的是，气味也可以用来表示生理对称性。女性更喜欢与之生理

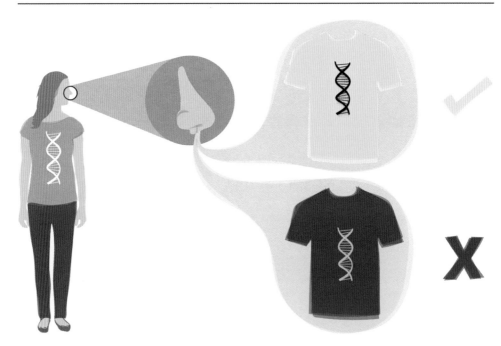

韦德金的臭T恤研究

1995年，克劳斯·韦德金招募了44名男性和49名女性。要求男性穿着一件干净的T恤三天，期间不能洗也不使用除臭剂。然后让女性闻一闻穿过的T恤，并对T恤吸引力进行打分。女性更喜欢在基因上与自己的差异最大的男性穿过的T恤。

上相对称的男性，这可以通过气味体现。史蒂文·甘格斯塔德
（Steven Gangestad）和兰迪·桑希尔（Randy Thornhill）在1998
年的一项研究中，要求29名女性对41名与其具有不同生理对称度
的男性的气味进行评价。在月经周期最易受孕阶段的女性对与其
生理最对称的男性的气味评价更高，这一结果已被随后的三项研
究证实。

基因配对

商业公司很快就利用了这些发现。瑞士苏黎世的研究人员塔
玛拉·布朗（Tamara Brown）博士认为，人们在潜意识中捕捉到
的气味线索是彼此坠入爱河时产生的"火花"的重要组成部分。
布朗研究了HLA基因的模式，并提出了一个名为基因伴侣配对的
服务，该项服务成立于2008年。服务网站上说："基因高度兼容
的夫妻建立友好的、持久的浪漫关系的可能性最大。"

这些研究与我们在现实世界中的经验如何匹配？我们选择配
偶时的大多数信息线索与气味是完全不同的，我们或许是认为这
个可能成为伴侣的人长得好看，或者具有吸引人的性格，或着有
美好的心灵。

或者是他们可能恰巧合适，而我们可能也是没有其他的选
择。事实上，只有当我们非常靠近一个人时，才会闻到他们的气
味，这几乎是一种无意识的嗅觉感知，并不是我们主动地去闻另
一个人。当然，在很久以前的西方文化中情况可能有所不同，
那时肥皂、沐浴和洗衣服是很少见的。而如今在其他文化中，
卫生习惯掩盖了人们的气味使其不太明显，因此情况可能大不
相同。

信息素是一种气味物质，它能让接收者有直接的生理反
应，而不仅仅是一种发送者状态的信号。大多数哺乳动物都
有一个特殊的结构，即犁鼻器，它可以接收这些信号，并且对
信息素有明显的反应。人类缺少这个功能性的犁鼻器，但是
一些人仍然认为人类信息素是存在的。在互联网上搜索一下就

1971年，玛莎·麦克林托克（Martha McClintock）提出了一种现象：人类的嗅觉具有类似信息素的作用，生活空间相同的女性动情周期将会同步化。但是随后的研究未能找到令人信服这一现象的证据。女性生活在一起，释放出导致其生理周期趋于一致的信息素，这一想法似乎存在于神话中。

会发现，信息素是可以出售的，并承诺其能给性伴侣带来一种新的不可抗拒的诱惑。大多数人觉得这种产品难以置信，这反映了科学文献中的一个共识：尚无确凿的证据证明存在人类信息素。

味觉的剖析

味觉（Taste）是一个用于描述特定感觉的术语，但它也被广泛地用作所有风味体验的描述。它也用于审美判断，例如，"她很有品味"。在此处，我们来看看味觉的特定用途，描述嘴巴中感知到的东西。

在食物中，化学物质的实际感知发生在味觉受体细胞尖端的细毛（微绒毛）上，这些细胞以50~150个为一组聚在一起形成味蕾，而味蕾聚集成乳突状结构，分为三种类型：圆环型、叶型和真菌型（第四种类型没有味蕾）。乳突不仅存在于舌头表面，而且还存在于颚、喉和食道顶部。人类有3000~12000个乳突，大脑将味道的感知定位于嘴巴中食物或饮料所在的位置，因此我们认为味觉仅来源于舌头。

过去，科学中认为只有四种基本味觉：甜、酸、咸和苦。除此之外，增添了第五种味觉——鲜味，这是一种来自于谷氨酸盐的令人愉快的咸味。谷氨酸盐由谷氨酸衍生而来。1908年，东京大学化学家池田菊苗（Kikunae Ikeda）发现芦笋、西红柿、奶酪和肉类有一种咸味，将其命名为鲜味，而且他发现鲜味在日本料理中常见的海带汤中最浓郁。池田掌握了如何工业制造谷氨酸盐，并通过为该工艺申请专利而变得富有，由此产生了增味剂谷氨酸钠。最近，有人提出了第六种味觉。这是一种脂肪的味道，被称为油脂（oleogustus）。以前，人们认为脂肪是通过像口感一样的触觉感知的。但是在2015年，研究人员证明了脂肪——或者更确切地说，脂肪分解过程中产生的非酯化脂肪酸——是一种不同于其他基本味觉的味觉。之前的研究表明，这些脂肪酸的受体存在于舌头上。但是，要像其他五种味觉一

味蕾由50~150个味觉受体细胞组成，这些细胞以单一结构组合在一起。

样，将油脂味视为一种味觉，人们必须能够将其与其他味觉区分开来。

味觉受体或多或少均匀地分布在舌头上。这对于任何一个熟悉学校生物课本所钟爱的舌头构造图的人来说都会感到惊讶，因为舌头构造图表明甜味、咸味、苦味和酸味分布在舌头的不同区域。该图是基于20世纪早期德国的一项研究绘制的，该研究表明，舌头周围对不同味觉的敏感性差异很小。20世纪40年代，对这项研究颇有影响力的一个解释错误地认为，当对不同口味的敏感性达到最低限度时，它是完全消失了。结果呢？该图显示，在舌头的不同区域检测到苦味、咸味、甜味和酸味。尽管这个说法完全错误，但是仍将其广泛地传授给葡萄酒专业的学生。

舌头也有触觉受体。葡萄酒在口腔中的感觉通常称为口感，这是通过口腔中的这些触觉受体（称为机械刺激感受器）来感

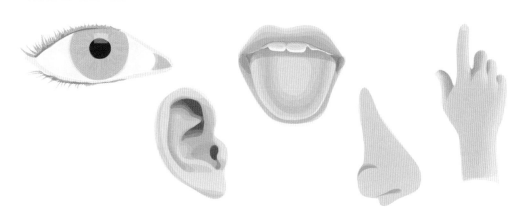

多模态风味感知

风味是一种多模态感知，有五种感觉参与。味觉从舌头的味蕾上产生，有五（或六）种基本味觉。嗅觉，尤其是鼻后嗅觉，是风味感知最重要的因素，只有当嗅觉失去时，我们才意识到它对风味的重要性。触觉非常重要：我们认为感知的食物的风味来自嘴巴中感知食物或饮料的地方，通过触觉品尝辣椒的辣味或红酒的涩味。视觉会影响我们对风味的感知，甚至声音（例如薯片、坚果或饼干的嘎吱声）也会改变风味感知。

知的。

　　触觉受体是专门感知触觉的神经元。鲁菲尼氏小体（Ruffini Endings）、梅克尔细胞（Merkel Cells）、迈斯纳细胞（Meissner Cells）和游离神经末梢遍布整个口腔。任何接受过口腔内部牙齿诊疗的人都知道，我们对口腔环境的变化非常敏感：我们的触觉非常发达，舌头尤其擅长感知口腔内部环境，帮助我们在脑海中描绘出相应的细节。

　　在讨论葡萄酒的味道时，人们往往忽略了口腔内部的感觉。但是我们与葡萄酒接触最密切的地方是嘴巴，至少在吞咽之前是这样。

　　大多数对酒杯中的酒具有浓厚兴趣的酒客通常会在品尝前

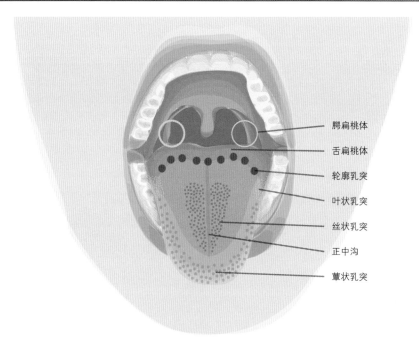

舌头

　　容纳味蕾的肌肉称之为舌头，舌头具有触感，并且能让食物在口腔内四处移动。味蕾位于舌头的乳突内部。轮廓乳突、蕈状乳突和叶状乳突中含有味蕾，丝状乳突中没有。

闻到气味，但是一旦葡萄酒进入口中，做出的更具体的判断将取代对香气的任何初步判断。大多数喝葡萄酒的人对酒杯里的酒非常感兴趣，他们通常在品尝之前先闻一闻酒的味道。但是一旦葡萄酒进入嘴里，他们对葡萄酒香气的所有初步评判就会被更具体的评判所取代。因此，唾液是我们品评葡萄酒的重要组成部分。然而令人惊讶的是，唾液在葡萄酒品评中的作用常常被忽略。

唾液的作用

通常受到某种刺激后唾液量会增加。这种刺激可以是来自于味觉或嗅觉，也可以是来自机械刺激，比如咀嚼。当牙医在你的嘴里摆弄时，受到刺激后唾液量增多，因此需要一个吸管来防止唾液从口腔流出。甚至可以通过联想来刺激唾液分泌。经过训练，即使没有食物刺激，著名的巴甫洛夫（Pavlov）的狗在铃声响起时也开始流口水。平均每个人每天分泌0.5~1.5L的唾液，其中大部分唾液被吞咽。据说，其中约有80％的唾液是受刺激而分泌的。

唾液中含有一种叫作黏蛋白的润滑蛋白，这种蛋白非常滑，能够吸收大量水分进入其结构中。黏蛋白不是口腔特有的，它们在肺中也普遍存在。黏蛋白有助于在肺中形成一个表层，该表层在被称为纤毛的细毛作用下不断向上移动，从而清洁肺部表面。这些黏蛋白在口腔中形成覆盖口腔组织的包层，有助于润滑口腔（便于说话和咀嚼食物），还可以预防刺激和有害微生物。

黏蛋白将水吸收到其结构中的能力有助于使这一保护性润滑层保持适当的厚度，与唾液的液体性质一致，能清除口腔中不必要的微生物和食物残渣。

唾液中还含有高浓度的钙离子和磷酸根离子，有助于保护牙釉质并使牙齿再矿化。唾液还可以通过清洗或稀释任何可能有害的化学物质以及缓冲食物中的酸性物质，从而保护牙齿。

唾液是由三个不同腺体分泌的水型分泌物：腮腺（在脸颊上方，耳朵下方）、下颌下腺（在下颌下方）和舌下腺（在舌头下方）。没有任何刺激，唾液会缓慢而稳定地流动。唾液的这种未被刺激的流动对于保持口腔湿润、保护牙齿和口腔内表非常重要。

所有这些保护都是必要的，因为我们的口腔内部很脆弱。口腔内部温暖、潮湿，这是有害微生物生长的理想条件。牙齿对酸度敏感，酸性物质会损坏牙齿。因此，唾液有着至关重要的保护作用。就像一些疾病经过某些药物治疗或癌症的放射治疗一样，直到唾液量减少或完全没有为止，我们一直认为唾液的保护作用是理应如此的。体验一下口腔干燥症（由于唾液分泌减少而导致口干）就会意识到唾液的重要性。如果唾液量严重减少，我们可以使用人工唾液，定期将其喷入口腔。但是，人工唾液相对简单，不能发挥人正常唾液的所有功能。

唾液蛋白

在品酒中，我们最感兴趣的唾液成分是两组蛋白质，即富含脯氨酸的蛋白质（PRPs）以及组蛋白，或称为富含组氨酸的蛋白质（HRPs）。总体上，PRPs占唾液蛋白的70%，并且其脯氨酸、甘氨酸和谷氨酰胺的比例很高。PRPs有三种亚型：酸性、碱性和糖基化的PRPs。这三种亚型一共大约有20种不同的成分。酸性PRPs是唾液所特有的，它们能与钙离子牢固地结合，这对形成牙齿保护膜和确保有足够的钙存在使牙齿再矿化都非常重要。这是因为当钙离子含量高时，PRPs会与其结合，然后当可用钙离子较少时，PRPs能逐渐释放出钙离子。糖基化的PRPs是润滑剂，并且还与微生物相互作用。

相反，碱性的PRPs有一个作用：与单宁结合，形成沉淀。HRPs是一种小型蛋白质，富含组氨酸，仅在唾液中发现，其中人类已知的有12种，仅占唾液蛋白的2.5%。HRPs具有抗细菌和抗真菌的特性，但它们也非常善于与单宁结合。从葡萄酒的角度来看，PRPs和HRPs结合单宁的能力是真正令人感兴趣的。

单宁的功能

单宁是植物形成的防御分子，防止微生物侵袭，同时也起着拒食剂的作用。由于植物扎根于原地，因此极易被吃掉，所以它们已经进化到让自己变得难吃。除了进化出诸如荆棘和刺之类的物理防御外，植物还充当化学工厂，生产各种有毒的防御性次级代谢产物。仅有相对有限种类的植物适合人类食用：在许多情况下，我们可以食用的植物的唯一部分就是我们（或其他动物）想要食用的部分——果实部分（结出的果实有助于种子传播）。以葡萄为例，它们伪装成绿色，由于单宁含量高、高酸度并且不含糖而变得难吃。直到种子成熟到足以传播时，葡萄才吃起来很美味并且让人容易发现。

葡萄酒中的单宁以多种状态存在。单宁本质上是"黏性"分子，并与葡萄酒中的其他成分结合在一起，例如与花色苷（在葡萄皮中发现的色素）形成色素聚合物，或者可以与其他化学物质结合。种子和木材中的单宁通常比果皮中的单宁小，人们认为这些较小的单宁具有苦味，而没有涩味。

唾液中PRPs和HRPs的关键作用之一是在单宁到达肠道之前，通过与单宁结合并使其沉淀来保护我们免受单宁的有害影响，这使得这些植物比其他植物更具有可食用性，抵消了葡萄的一种防御性。如果唾液中的PRPs没有引起这种沉淀，单宁则会与我们肠道中的消化酶（也是蛋白质）相互作用，并使它们失去活性。

植物会通过使其成分变得不易消化而降低其适口性。未成熟的水果的令人厌恶的味道与其较高的单宁含量有关：植物依靠这种方式，随着颜色变化、高酸和低糖，以防止其果实被过早破坏。我们发现单宁的苦味和涩感是令人厌恶的，就像所有这些令人不愉快的口感一样，厌恶感可以保护我们避免食用有害的东西。因此，PRPs和HRPs可能发挥着两种作用：使我们能够检测食物中的单宁并在其浓度可能造成危险的情况下拒绝食用该食物，也有助于中和所摄入的食物中存在的所有单宁。在酿酒过程中，单宁对蛋白质的亲和力是蛋白质（例如蛋清中的白蛋白）用作红葡萄酒澄清剂的基础，这有助于沉淀葡萄酒中多余的单宁，使其口感更好，苦涩感不那么强烈。

涩味

在葡萄酒中，我们感觉到单宁主要是一种涩涩的感觉，但是在某些情况下，单宁对口感也有所贡献。原则上来看，涩味不是一种味觉。从这种意义上来说，涩味不是甜、酸、苦、咸和鲜这些主要味觉之一。相反，涩味主要是通过我们嘴巴中的触觉来感知的（在科学文献中仍然有关于是否尝出涩味的讨论）。进入口腔的单宁与唾液中的蛋白质结合并形成沉淀。这些蛋白质包括PRPs和HRPs，它们的作用是进行这种结合，保护我们免受单宁抑制消化酶的潜在有害作用。还涉及唾液中的另一种重要的蛋白质类型——黏蛋白。如前所述，黏蛋白会在口腔的内表面上形成一个润滑的保护层。单宁会破坏这种保护层，产生一种口腔干燥、起皱并且失去润滑的感觉，这就是我们所说的涩味。

与涩味相关的是苦味。大多数单宁主要是一种涩味，但是当单宁小到可以与舌头上的苦味受体相互作用时，它们也可以认为尝起来是"苦味"。单宁一般在4个小亚基聚合（*DP*）在一起时味道最苦，然后苦味减少并且涩味增加，这种涩味在聚合度为7时达到顶峰（根据一些研究，至少是这样的），然后随着聚合度变大，涩味逐渐减少。

单宁的涩味可以通过多糖（糖类）或其他的葡萄酒成分来缓和，也可以通过单宁结合化学修饰物来改变其涩味，这样的修饰有很多。在葡萄酒中，单宁分子不断改变其长度，增加其结构。葡萄酒中的单宁非常复杂，研究人员仍在试图将口感特性与其结构联系起来。

有趣的是，单宁在较低的pH值下更涩——也就是说，即使单宁含量相同，酸度较高的葡萄酒更涩——而随着酒精含量增加，涩味会减少。但是，单宁的苦味会随着酒精含量的升高而增加，随着pH值的改变而保持不变。

值得注意的是，众所周知酸会刺激唾液量增加，如果唾液量

葡萄酒的化学成分

单宁和酚类
单宁和酚类化合物来自葡萄皮和种子，是葡萄酒的重要组成，尤其在红葡萄酒中，它们为其提供了颜色和结构，有助于葡萄酒陈酿。

有机酸
酸是葡萄酒的重要成分。酒石酸是其中主要的酸，除此之外还存在苹果酸、乳酸和柠檬酸。在葡萄成熟期间酸会减少，因此在温暖的气候下成熟的葡萄在酿造时有时会加酸。

其他化合物
葡萄酒中一些最重要的风味化合物仅以非常低的含量存在。葡萄酒总共包含约800种香气分子和味觉分子。因此，葡萄酒风味化学很复杂。

甘油
除酒精和水外，甘油是葡萄酒中最大的单一成分。它是由酵母在发酵过程中产生的，可以增加一点甜味，但与流行观点相反，甘油对酒体或黏度没有贡献。

乙醇
酒精为葡萄酒增添了许多特点。它使酒体更饱满，并增加甜味。当酒精含量太高时，它也会掩盖香气，尝起来比较"辣"。

水
毫无疑问，葡萄酒中的主要成分是水。在大多数情况下，水来自于葡萄果实，但是在温暖的气候下，酿酒师有时会"回水"以降低酒精含量，尽管这在许多国家是非法的。

增加，那么唾液中就会有更多的蛋白质与单宁形成沉淀，这意味着两种单宁成分相同但pH值不同的红葡萄酒将有不同的口感。这可能是观察到降低pH值会增加涩味的部分解释。但也可能是在感知酸味和涩味之间存在某种累加效应。

唾液与品酒

这个调查对品酒有何意义？下次您品酒并吐出红葡萄酒时，请看一看痰盂。实际上，这是一个相当令人不愉快的景象：一串串凝结的唾液，从红色到紫色再到黑色。这是葡萄酒和唾液之间相互作用的结果，主要是单宁与唾液蛋白结合形成的沉淀。唾液中的黏蛋白也有助于形成这些有颜色的黏弹性唾液。

在正常喝葡萄酒的情况下，唾液的分泌量似乎能够与喝葡萄酒的速度保持同步。对于红葡萄酒，味蕾面临的挑战是反复接触单宁。对于白葡萄酒，单宁含量要低得多，挑战在于酸度，白葡萄酒的酸度通常比红葡萄酒高得多（也就是说，白葡萄酒的pH值较低）。香槟和起泡酒的酸度更高。

除非短时间内重复接触，否则以上这些都不会对葡萄酒品评有重大影响。

这样的接触发生在许多葡萄酒品评的专业场合。无论是贸易品酒会，还是比赛评审，亦或是对一个地区的葡萄酒的严格评价，经常会发现专业人士每天品尝一百多个葡萄酒样品，反复评估样品的数量大大增加。我没看到有任何科学研究对这种情形进行过调研，但是我们可以预测唾液量可能发生的变化。

首先，在红葡萄酒中，单宁将会与唾液蛋白相互作用，形成沉淀并形成一种涩味和口干的感觉。润滑口腔的黏蛋白的初始层将被剥离。然后，随着反复品尝，更深一层的黏蛋白将被剥离。与专业的葡萄酒品评场景相比，一般的饮酒通常不会发生这种情况。

通常，反复接触相同的味道或气味将会造成一定程度的适

当我们喝葡萄酒时，葡萄酒本身会增加唾液流量，这本身就会改变对葡萄酒的感知。单宁的结合可能会大大降低其到达苦味受体的能力，因此，它们的苦味减少，与此同时涩味增加。

应性。但是，对于涩味，反复接触会导致涩味增加。摄入的葡萄酒会刺激唾液分泌，但这些唾液不足以应对连续接触到的红葡萄酒样品，因为它们无法填补口腔表面唾液黏蛋白的润滑层。结果是，涩味随着进入口中的每个新样品的增加而增加，以至于让人不舒服。通常，经过一整天的品尝之后，我最不想做的就是再来一杯葡萄酒，我的嘴巴感觉非常疲劳。

在酸性环境中，频繁接触高酸刺激，可能会使唾液的缓冲能力和稀释能力不堪重负。这会使口腔对后续样品失去敏感性，并可能导致对酸度误判。然而，作为一名品酒师，我的经验是，一次品尝许多白葡萄酒比品尝许多红葡萄酒的疲劳感少一些。

这并不是说让读者对专业的葡萄酒品评感到绝望。但是这个观察结果应该会鼓励我们以一种谦虚的态度对待品评。连续品尝大量的葡萄酒会带来风险，不仅是味觉疲劳，还有品评顺序的影响。对任何一种葡萄酒的感知都可能受到前一种葡萄酒的性质的影响。

因此，好的做法是让一个小组中的品酒师按不同的顺序进行品评，即使这很简单，就像倒序品尝一样。在学术层面的感官分析中，顺序随机是非常重要的。

由于唾液不能很好地应对那种通常由专业人员进行的葡萄酒品评频率，我们能做些什么呢？最基本的是要适当的补水。失水会减少唾液量，在吐酒时，我们不仅会吐出葡萄酒，还会吐出口中分泌的唾液。如果我们每天分泌约1L的唾液，并且吐出唾液而不是吞咽，那么需要弥补这种液体的减少。品酒师通常用水和饼干、面包或黑橄榄等食物清洗味觉，这可能有助于吸收一些单宁，这些单宁已经聚合但尚未被过度消耗的唾液清除掉，这并不是一个复杂的解决方案。

恢复味觉敏感性

　　研究人员在感官分析中已经研究了味觉清洁剂将味觉恢复到基本状态的有效性。有一项研究比较了使用多种不同清洁剂的涩味积累，包括去离子水、1 g/L的果胶溶液、1 g/L的CBMC（羧甲基纤维素）溶液和无盐饼干。受试者品尝六次相同的葡萄酒，在第三次之后进行清洁。结果发现，无盐饼干是减少涩味累积最有效的方法，而单独使用水的效果最差。无论使用哪种清洁剂，涩味都会增加。另一项研究表明，果胶清洗是最有效的清洁剂，其次是无盐饼干。CBMC被证明在某些情况下是有效的。

　　在感官分析工作中，不能容忍专业品酒师经常每天承担数百个或更多样本。这种味觉疲劳产生的"噪音"可能会使统计分析变得没有意义。在这种情况下，经验丰富、有能力的评委仍然能够在区分葡萄酒质量方面做出正确的判断。但是，在味觉疲劳的情况下，他们会发现很难做出对顶级葡萄酒更为重要的精细区分。

　　当然，如果品尝的葡萄酒较少，品评结果会更好，并且休息间隙足以使味觉恢复。

　　对于优质葡萄酒而言，质量上的细微差别是至关重要的。对于顶级红葡萄酒而言，口感是该葡萄酒的重要组成之一。优雅与和谐，在葡萄酒中，尤其是在陈年葡萄酒中备受推崇，这在很大程度上取决于口感。为了评估这类葡萄酒，要减少可靠评估的样品数量。

　　关于唾液和葡萄酒品尝，还有一点必须指出，这涉及唾液分泌时个体间和个体内的差异。不同的人唾液的组成和分泌方式各不相同，并且每个人的唾液流速会随着多种因素而变化，包括水合状态、一天中的时间、情绪状态以及用药的影响。此外，10%~15%的人主要通过嘴巴呼吸，从而导致唾液大量蒸发。据估计他们每天损失唾液350mL。

　　总而言之，当葡萄酒在嘴里时，我们对它的感受最深刻，并且口腔的内部环境明显会对葡萄酒感知产生重大影响。唾液在调节我们对葡萄酒的感知中是至关重要的，因此，任何试图了解葡萄酒鉴赏实践的尝试都必须考虑唾液和口腔环境，这是风味感知的内在组成部分。

在本章中，我探讨了嗅觉与味觉，研究了被低估的人类嗅闻方式并探讨了其在我们日常生活中的重要性。我还探讨了味觉本身，并指出味觉只是对风味的基本贡献，尽管我们认为风味来自于嘴巴，因为那是通过触觉感知的地方。触感对于葡萄酒非常重要，因为口感是我们鉴赏葡萄酒时被低估的一个部分，而唾液在这里起着至关重要的作用。在下一章中，我们将研究大脑，以及大脑如何构建一个风味的多模态感知。

个体内部和个体之间的唾液差异都可能影响红葡萄酒的口感。除了诸如味蕾密度、嗅觉受体组成以及知识和经验等因素外，葡萄酒品尝还有个体之间的差异。作为品酒师，我们必须意识到个体内部的额外差异。

第 3 章

葡萄酒和大脑

科学家们的新兴观点是，感知是多模态的。也就是说，包括味觉、嗅觉、触觉、听觉和视觉在内的不同感知方式在一定程度上重叠，我们的感知是一个统一体，包含来自不同感觉信号的输入。这种理解对于我们思索品酒方式具有重要的意义。

大脑的作用

在本章中，我将探讨在品酒过程中大脑处理所获得的感觉信息的方式，以及其对我们理解品酒的意义。

在前面的章节中，我已经提到了嗅觉和味觉为什么不能作为测量工具。当遇到葡萄酒时，我们的舌头和鼻子不像实验室仪器那样，仅仅检测葡萄酒中存在的味道和气味分子。相反，有一种独特的感觉，称为风味。这是大脑将来自味觉、嗅觉、触觉、视觉甚至听觉的信息相结合的结果，从而能够使我们选择该吃什么，该喝什么，也使我们在此过程中体会到愉悦感。科学家们逐渐认识到感知是多模态的，在我们下意识地觉察到感知之前，其在前意识水平上结合了许多不同种类的信息。

在我们每个人的脑袋中，都有一个糊状的、类似于果冻的器官，重约1.4 kg，包含大约1000亿个被称为神经元的专门信息处理细胞。迄今为止，这是我们体内最复杂的器官。这些神经元中每一个都能够与其他神经元建立惊人的联系，正是这种相互联系使我们成为"自己"的核心：我们的记忆、个性、情感、希望、恐惧和梦想都依靠大脑的正常运作。

大脑中的神经元通过电信号相互传递信息，也通过神经递质和神经调节化学物质传递信息。

大脑结构本身是复杂的，并且针对大脑中不同地方的分类及其作用有各种各样的方式。直到最近，关于大脑如何运作最流行的概念是保罗·麦克里恩（Paul Maclean）在20世纪60年代提出

如果要以一种智能的方式来了解葡萄酒品评，那么出发点必须是我们不是测量工具。无论怎样训练自己，我们都无法摆脱这样一个事实，即我们的意识并未向我们展现出一个精确的、真实的现实情况。我们意识到的东西已经被我们的大脑编辑过了。

的三位一体大脑模型（见右图）。他以大脑通过进化而发展的方式为指导，将大脑分为三个彼此相互关联的竞争系统。首先是一个远古爬行动物的大脑，它维持着人类的基本功能，与性、攻击性和食欲有关。然后是边缘系统，被称为古哺乳动物的大脑，这是我们情感的所在地。最后，我们具有新哺乳动物的大脑，即负责认知的大脑皮层。在麦克里恩的模型中，皮层主导更原始的大脑区域。在某些方面，这种分层模型像是一种寓言，并且已经被证明是非常受欢迎的。即使在今天，人们仍然被爬行动物大脑的基本本能将我们引入歧途的观点所吸引。好像这在某种程度上使我们行为不当时免受责备。

但是现代脑科学与三位一体模型相冲突，三位一体模型严格地以线性、层次分明的方式传递信息。虽然将大脑划分并将某些功能归因于大脑的特定区域可能很方便，但是大脑中存在许多互连性，信号以一种方式发送，然后再返回，并且多个区域参与同一任务。另外，麦克里恩的模型将理性置于情感之上，我们有充分的理由相信情感与决策有关，不应该如此低估情感。

大脑消耗了我们能量摄入量的20％。寻找减肥方法的人可能会失望地发现，努力学习或变得更聪明不会让我们消耗更多的能量：大部分能量都用于大脑的一般运转，以便其可以正常工作，而不是在进行特定的任务。

为我们周围的世界建模

大脑不是以一种线性方式将舌头、鼻子、眼睛和耳朵的感觉信息传递给我们的自觉意识，而是为我们周围的世界建模。大量信息不断轰炸着我们的感觉系统，如果统一处理这些信息，将会埋没我们的感知和决策过程。相反，大脑能够从海量信息中提取出最相关的那些特征。这是通过一个称为高阶处理的过程完成的。

我们从另一个角度来看这个问题。我们经常认为我们的感觉系统以一种准确而完整的方式向我们展示周围的世界。但是实际上，我们所感知到的是一个基于与我们的生存和活动最相关的信息而被编辑过的现实世界。

几乎对于人类所有目的而言，将大脑向我们展示的世界视为"现实"对我们来说是没有害处的——的确，如果我们以其他

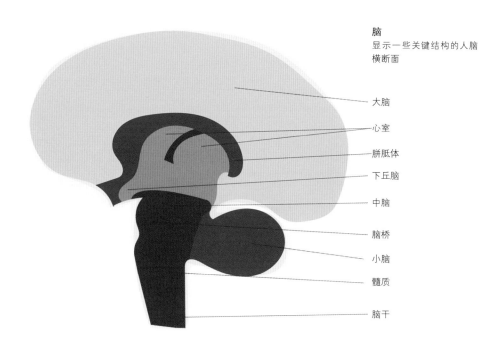

脑
显示一些关键结构的人脑
横断面

大脑
心室
胼胝体
下丘脑
中脑
脑桥
小脑
髓质
脑干

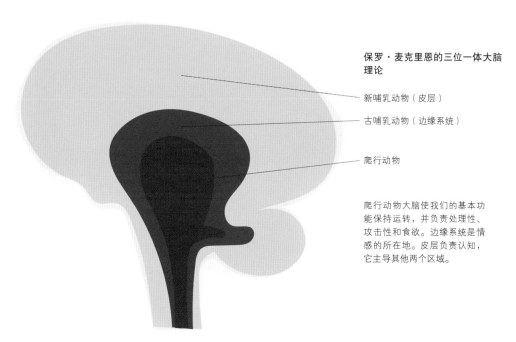

保罗·麦克里恩的三位一体大脑
理论

新哺乳动物（皮层）
古哺乳动物（边缘系统）
爬行动物

爬行动物大脑使我们的基本功
能保持运转，并负责处理性、
攻击性和食欲。边缘系统是情
感的所在地。皮层负责认知，
它主导其他两个区域。

任何方式来感知世界，生活将会变得相当复杂——但出于此讨论目的，认识到这一点很有用：我们所感知到的现实世界是一个经过大脑编辑的、局部的现实版本。 这也是很个性化的。

现实及其表象

这可以用多种方式来说明。如果你家里有宠物的话，不妨想想它们。狗生活在一个我们认为没有味道的世界中。对狗而言，这个嗅觉世界就像视觉世界对人类而言一样生动。像许多小型哺乳动物一样，老鼠的视力一般，所以它们在夜间活动时，可以依靠嗅觉和胡须的触碰来获取周围环境的信息。当你打开收音机、电视，或使用手机时，空气中充满了我们无法获取的信息，除非有设备解码这些信息。

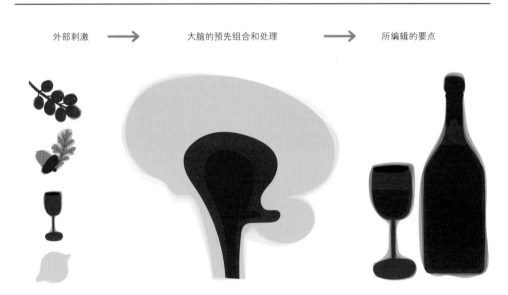

外部刺激 　　　→ 　　　大脑的预先组合和处理 　　　→ 　　　所编辑的要点

创建一个现实模型
大脑为我们周围的世界建模，我们有意识的感知是现实的高度编辑版本。当我们意识到感知时，大脑已经进行了许多编辑工作。

看看视觉错觉或光学错觉，例如加埃塔诺·卡尼萨（Gaetano Kanizsa）三角形、咖啡馆的墙壁错觉（见P60）或路易斯·内克尔（Louis Necker）立方体。这表明，在某些情况下，我们所感知的东西并不存在，这些只是"愚弄"视觉系统的众多技巧中的一部分。它们为我们提供了正在发生的高阶处理的线索，并证明了我们"看到"的并不总是存在。在第1章中讨论的联觉也很好地说明了这一点。

以地图为例。就准确度而言，"完美"的地图将是与物理现实精确对应的。因此，对于我所居住的伦敦来说，最终地图的大小将与伦敦的大小完全相同，并在上面标注每个细节，但是此地图将完全无用。一张好的地图所能做的只是为你提供你所需要的信息。想想有史以来的经典地图之一：哈里·贝克（Harry Beck）的伦敦地铁路线图（1931）。贝克的天才之处在于，将地铁线路从实际地面的地理约束中分离开来，这就立刻形成了一张功能强大、整洁而美观的地图，它包含了所有重要的细节，但是却以一种清晰的方式展现出来。因此，我们有了地理上的现实，然后地图以一种不同但是更有用的方式来表示它。这是我们所感知到的大脑活动。这张地图自此成为世界各地城市地铁地图的模型。我们的大脑展现给我们的现实世界在很多方面都类似于一张好的地图：它是我们运作所需要的，而没有太多不必要的细节。这是一种不同层次的展现，基于现实，但又与现实不同。

高阶大脑处理

科学家们对人类视觉系统的高阶处理比其他任何感觉都更了解。例如，他们已经研究出视觉处理如何提取最有可能相关的环境特征。我们的周边视觉对运动很敏感：移动的物体会立刻抓住我们的眼球，因为神经元会对其做出反应。周边视觉区域比中央视觉区域探测运动的能力要强得多。面部也可能是重要的线索，因此我们的视觉系统具有面部处理的特殊大脑机制。

这就是为什么如此多的广告和杂志封面青睐人脸的原因，即使人脸与出版物并不是特别相关。

尽管这方面的研究较少，但这种高阶处理在风味检测中也很重要。我们一直受到化学刺激的轰击，大脑必须过滤这些信息，使得重要的信息通过。就像新闻编辑室的工作人员整天都在辛勤工作，筛选记者的报道，来制作一个15分钟的新闻简报以便在当晚播出一样，大脑的大部分区域似乎都致力于形成一个经过适当编辑的现实世界。

盲视进一步说明了我们的大脑是在我们无意识的情况下工作的，这发生在对涉及视觉感知的大脑区域有特定损害的人群中。尽管他们在视觉的某些区域实际上是失明的（他们无法"看见"），但是他们可以用该区域的视觉系统来做工作——例如，指导他们抓物体时的手部动作——这表明他们的视觉是在一个前意识水平上工作的。

咖啡馆的墙壁错觉

我们在这里看到的并不存在。这些线实际上是平行的，但是我们看到它们非常弯曲。这表明我们的视觉感知并不是对现实的精确呈现。

1974年，伊丽莎白·沃灵顿（Elizabeth Warrington）和劳伦斯·维斯克兰茨（Lawrence Weiskrantz）发表的一篇论文首次描述了这种情况：一位病人完全失去了一侧的视力。在一系列的实验中，他们发现，即使病人在这一区域看不见任何东西，但当出现一个圆圈让他去指，或者让他去猜一条线是水平的还是垂直的时，他的成功率是80%。有趣的是，这些被试者甚至可以通过盲视来感知情绪，但他们绝对无法自觉地获取这些信息。想到我们的大脑在感知世界中的功能，以及因此我们的某些决定可能超出了我们的意识控制，这很有趣，而且有些吓人。

我们已经看到，我们对风味的感知，当然还有对酒的感知，是多模态的。这种多模态会利用所有感觉信息，并在我们意识到之前以有趣的方式将其重新组合。大脑正在做一些有趣的事情来形成风味感知。我们知道这在理论上是正确的，但是在实践中呢？牛津大学的查尔斯·斯彭斯或许是实际研究多感官（或交叉模态）感知的影响的领军人物。他与贝蒂娜·皮克拉斯·菲斯曼（Betina Piqueras-Fiszman）合著的《完美的用餐》（*The Perfect Meal*）（2014）一书探讨了共同创造终极用餐体验的所有要素。他提出了一个问题：科学和神经科学能否让我们更接近完美的用餐？这个问题的答案来自他的研究，与品酒非常相关。

令斯彭斯感到遗憾的是，关于这个话题的研究很少。"我的同事们对食物不感兴趣：食物又脏又乱，人们吃饱了就会把食物洒出来，他们更愿意在计算机上用不同的图片对人们进行测验。"他引用了威廉·詹姆斯（William James）在1892年写的一句话："在美食爱好者宝贵的财富中——味觉、嗅觉、口渴、饥饿——心理兴趣鲜为人知。"

当世界顶级大厨在写关于完美的用餐时，他们会从感觉的角度来思考其创作过程。费兰·阿德里亚（Ferran Adrià）（之前是西班牙餐厅埃尔·布利的大厨）主张烹饪是最具多感官的艺术："我试图激发所有的感觉。"在英国，赫斯顿·布鲁门塔尔（Heston Blumenthal）［因他的肥鸭餐厅（The Fat Duck）而声名显

"至少在每个人的一生中，无论他是粗俗的还是像水仙花般优雅，都会有一个时刻被美食满足。我相信，这既与身体有关，也与精神有关。万事如意，事事顺心。有一种和谐，每一种感觉和情感都融为一体。"

费舍尔（M. E. K. Fisher），《饮食的艺术》（*The Art of Eating*）（1937）中的《淡黄色的手套》（*The Pale Yellow Glove*）

赫］主张饮食是我们唯一涉及所有感觉的事物，包括味觉、嗅觉、触觉、视觉和听觉。

他们都参与体验和享受盘子里食物的风味。与布鲁门塔尔（Blumenthal）合作的斯彭斯说："我们都没有意识到感觉对我们从盘子里的信息进入大脑的处理方式有多大的影响，也没有意识到有多少能形成我们喜欢或不喜欢、享受、渴望或记得住的风味，"。

但是，完美的用餐不仅仅与感觉有关。斯彭斯说："这也与记忆和情感有关。""越来越多的人认为，完美的用餐和戏剧化有关：想象力和讲故事都能让食物变得令人难忘。"斯彭斯自称是个蹩脚的厨师，但他在这方面的贡献是科学的。"在牛津大学的实验室中，我们每天都在思考，我们看到的东西如何改变我们的味觉，我们的感觉如何改变我们的嗅觉，以及变化的嗅觉如何改变我们的味觉。所有的感觉都是以我们还不了解的方式联系在一起。它们之间的相互作用比我们所认识到的要多，而这方面的科学研究才刚刚开始。"

斯彭斯认为，从厨师那里得到的见解是有价值的，他们凭直觉掌握了如何做出美味佳肴的各种要素，然后尝试研究这些方面。他以一家餐馆为例，这家餐馆你必须提前两个月预订。这提高了人们的期望。在用餐前一个月，你会在邮件中收到散发着香味的便条，当你走进餐厅时，你会闻到这种香味。当你离开餐厅时，你会得到一袋糖果，可以将其带回家，进一步延伸你的用餐体验。

那么餐具呢？例如，肥鸭餐厅以其沉重的餐具而闻名，这算是完美的用餐吗？你手中餐具的重量会让食物更美味吗？斯彭斯提到了一个对此进行研究的实验，实验对象是爱丁堡喜来登大酒店的160名用餐者。他们一半使用常规的重型餐具，另一半使用较轻的餐具，那些使用较重餐具的人愿意为相同的食物支付额外的费用。

他以丹尼斯·马丁（Denis Martin）为例，丹尼斯·马丁在瑞士瓦莱州的餐厅是米其林两星级的。该餐厅位于一个针织博物馆中间，马丁发现当人们走进门时，他们并不会完全享受他的现代瑞士美食。他们举止严谨，穿着西装的瑞士商人靠费用账户来用餐。为了解决这个问题，他告知人们要在下午7：00到达餐厅，桌布上除了一只玩具瑞士牛什么都没有。除非有人拿起牛让它哞哞叫，否则不会上餐。不久之后，餐厅就充满了欢声笑语和牛哞哞的叫声。

改变情绪，这是一种心理上的味蕾清洁剂，让人们为即将到来的食物做好准备。然后是"数字化调味料"。这要从布鲁门塔尔（Blumenthal）的"海洋之声"菜看说起，这道菜为用餐者提供了一个海螺，然后用耳机来聆听海洋的声轨以增强菜的风味。位于伦敦伊斯灵顿的沃尔夫之家（House of Wolf）餐厅将这个想法带入了更多中档市场，整个餐厅的每道菜都配有主题音乐。

斯彭斯指出，一些备受瞩目的新餐厅已经实现了多重感官体验。上海的紫外线餐厅（Ultraviolet）是一家地点保密的10人座餐厅（客人会被送到用餐地点）。在高科技体验式餐厅中，每道菜都通过一个量身打造的氛围来增强用餐体验。例如，鱼和薯条配以大海的声音，桌上的英国国旗投影，以及能喷洒出海洋气味的设备：这是一个真正的多感官体验。另一个例子是西班牙伊比萨岛的Sublimotion餐厅，这被认为是世界上最昂贵的餐厅，人均消费1600美元。斯彭斯说："在这样的价格下，它不仅仅与食物、味道和风味有关。这肯定是与整个用餐体验相关的。"

风味的视觉成分

视觉是影响风味的最主要因素之一。斯彭斯说："我们被我们的眼睛所引导。"他提到同样是来自布鲁门塔尔的一道菜，一个看起来像草莓冰激凌的粉红色食物。这实际上是一道蟹肉浓汤。布鲁门塔尔认为它尝起来非常棒，但是人们却发现它调味太重，而且太咸了。眼睛暗示着这是"甜的"，而味觉上是"咸的"，并且鉴于这种期望，最终这道菜尝起来太咸了。斯彭斯说："第一次品尝这道菜时必须要恰到好处，并要有合适的菜名"。"如果你将这道菜命名为'神游386'，这会让人们暂时

放下期待，带着新鲜的味蕾来品尝它，它的味道将会恰到好处。厨师必须深入用餐者的内心，并引发他们对食物的期待。"

在这个智能手机盛行并且在社交媒体上分享食物图片的时代，食物的外观比以往任何时候都重要。早在20世纪60年代，法国厨师并不在乎食物的外观，认为食物的味道更重要，摆盘可以像家中用餐时一样随意。

后来出现了新式烹饪法，情况开始发生变化。斯彭斯说："在21世纪，完美的用餐应该是这样的。"盘子的外观是我们享受美食的一个关键因素，但是它会使食物的味道不同吗？答案是肯定的。当今许多厨师使用不对称的盘子，但是研究表明，人们更喜欢对称的盘子。如果盘子是不对称的，他们就不会那么喜欢食物，也不想花那么多钱。

盘子的颜色也很重要。在一项实验中，阿德里亚拿了一种甜点，用白色盘子盛给一半的用餐者，用黑色盘子盛给另一半。在白色盘子里，甜点尝起来比黑色盘子的甜10%，味道好15%。同样，在医院里，有时会给准备进行手术的患者在红色盘子里提供一些食物，但是如果红色盘子有"不要吃我"几个字，人们都将会吃得更少一些。

斯彭斯指出，也许更重要的是，昆虫可能成为未来的常见食物，因为目前的饮食习惯是不可持续的。大多数人觉得吃昆虫的想法是没有吸引力的，因此斯彭斯及其同事所面临的挑战是，运用他们对食物心理学的认识来说服我们，我们未来的食物是美味的而不是难吃的。

斯彭斯及其同事将这种方法进一步应用于食物，以研究环境的变化如何改变对葡萄酒的感知。在2014年5月，他们在伦敦的南岸进行了可能是世界上最大的多感官品尝实验。在这4天中，有近3000人在一个灯光和/或音乐不断变化的房间里品尝一杯红酒。这款里奥哈帝国田园酒庄（Campo Viejo Rioja）的葡萄酒装在黑色的品酒杯中，品尝者必须根据葡萄酒一系列的口感、浓郁度和喜好等级来给它打分。在前两天，他们分别在白色、红色和绿色的灯光下品尝葡萄酒，同时播放旨在增强酸味的音乐，然后在红色的灯光下播放与甜味相关的音乐。在最后两天，品尝者分别在白色、绿色和红色的灯光下播放"甜味的音乐"，和绿色的灯光下播放"酸味的音乐"，给同样的葡萄酒评级（这种转变是为了排除任何的顺序影响）。结果如何？在整整四天的时间里，在绿色灯光和酸音乐的作用下，人们认为葡萄酒更清新、不那么浓郁；在红色灯光下聆听甜美音乐，此时人们最喜欢葡萄酒。这些影响有多大？作者注意到，评分的波动幅度为9%~14%，认为波动很大。

考虑到参与研究的人数众多，因此研究结果是可靠且令人印象深刻的。

斯彭斯及其同事还研究了听觉如何影响风味感知。他们研究了人们是否能分辨出倒苏打水、普罗塞克（Prosecco）和香槟（Champagne）的声音。有趣的是，在这项实验中，人们表现得比随机情况要好，这表明听力可能在改变人们对气泡酒的感知方面起着重要作用。瓶塞的弹出声（或螺帽的嚓啪声）有何影响呢？这会导致人们产生对葡萄酒消费的预期吗？

从大脑中收集数据

风味感知似乎是复杂且多模态的，但是当遇到食物和饮料时，我们如何在受体水平上将电流的产生与大脑中统一的、自觉的风味感知联系起来？

功能性磁共振成像（fMRI）是一项相对较新的技术。近年来，这项技术改变了大脑研究，它能帮助研究人员将大脑可视化。在常规的磁共振成像（MRI）扫描过程中，研究对象被放在一个巨大的圆柱形磁铁内，并将其暴露在巨大的磁场中。然后，一个复杂的检测装置根据产生的信号生成组织和器官的三维图像。fMRI和这个方法不同，该技术专门用于测量大脑中血流量的变化。当脑细胞变得更活跃时，它们则需要更多的血液，而这种需求会在扫描中产生一个信号。尽管最初对于fMRI扫描中检测到的血流量与实际脑活动之间是否存在直接相关性存在一些争议，但该领域的共

为了在fMRI扫描中可靠地检测脑部信号，要求受试者头部完全静止，躺在大金属圆柱体内。由于这类研究在实践和实验中存在困难，因此仍然是一个充满不确定性的领域。

颜色影响葡萄酒的口感

在一系列不断变化的声音和灯光条件下，将一款装在黑色玻璃杯中的西班牙葡萄酒（Campo Viejo Rioja）提供给每个人。该实验是在红色、白色和绿色的灯光下开展的，并伴有"甜味"和"酸味"音乐。要求人们根据口感、浓郁度和喜好等级来给葡萄酒评分。他们发现，在伴有"酸味"音乐的绿色灯光下，葡萄酒更清新、不那么浓郁。他们最喜欢在伴有"甜味"音乐的红色灯光下的葡萄酒。

识是这样的：事实确实如此。fMRI的强大之处在于，它可以显示出比如当我们想到巧克力或移动中指时，用到了大脑的哪些部位。

斯彭斯担心这样过于依赖fMRI研究的结果。"如果你自愿参加这样一项实验，把你放在一个板上，头部被固定住，给你提供耳机以消除120分贝的背景噪音，将一根管子插入你的嘴巴，然后缓慢地将你移入圆柱体内。定期给你灌入4 mL的液体。"

是的，在这些实验中，大脑的不同区域都被激活了，但它们的环境几乎不是真实世界的自然环境。斯彭斯说："我认为这样做太过分了：没有人认为躺在这样的仪器中，定期在他们嘴里灌一些果泥，就算是完美的用餐，""这能告诉你一些东西很重要，但是我认为这不能告诉你什么是完美的用餐，以及如何接近完美的用餐。"

味觉感知和记忆

我们回到大脑中风味处理的话题。味觉和嗅觉共同完成两项重要的任务：识别有营养的食品和饮料，以及保护我们避免食用对自身有害的东西。大脑通过将我们需要的食物与嗅觉刺激——它闻起来或尝起来"很好"——相联系来实现这一目标，而使坏的或不需要的食物令人厌恶。要做到这一点，需要将风味感知与记忆（我们记住哪些食物是好的，哪些会让我们生病）和情感（当饥饿的时候，我们对食物有强烈的欲望，这促使我们去寻找恰当的食物）的处理过程联系起来。由于寻找食物是一个潜在的昂贵且麻烦的过程，所以我们需要一个强烈的动力去做这件事。因此，饥饿和食欲是强大的身体驱动力。

正如我们在第2章中讨论的那样，味觉从舌头开始，舌头中的感觉细胞将化学信息转换为电信号，然后传递到大脑的初级味觉皮层，初级味觉皮层位于脑岛区域。与嗅觉相比，味觉提供给我们的信息相对较少。虽然只有5~6种基本味道，但我们可以区分出成千上万种被称为气味的挥发性化合物。我们的嗅上皮中含有嗅觉受体细胞，它们在探测到气味分子时会产生电信号，并通

过嗅球传递到嗅觉皮层。在此阶段，存在于大脑主要味觉和嗅觉区域水平的信息，很可能除了特定刺激和刺激强度外，其他都没有编码。单独来看，这些信息的价值相对较小。

但是大脑接下来要做的是将上面提到的信息进行复杂的高阶处理，它从大量数据中提取出有用的信息，并开始处理这些信息。这就是我们转向埃德蒙·罗尔斯（Edmund Rolls）的研究的地方。埃德蒙·罗尔斯是华威大学（之前是在牛津大学，他在那里完成了所做的大部分工作）的实验心理学教授，他研究了大脑中一个叫作眼窝前额皮质（orbitofrontal cortex）的区域，fMRI是他使用的研究工具之一。

罗尔斯等人的研究表明，正是在眼窝前额皮质中，味觉和嗅觉融合在一起，形成了风味。其他感觉信息，例如触摸和视觉，也在这个层次相结合，创建一个复杂的、统一的感觉，然后通过触觉将其定位于口腔中。毕竟，在这里必须对食物或饮料做出任何反应，例如将其吞咽或吐出。罗尔斯还证明了眼窝前额皮质是味觉和嗅觉的奖励价值（愉悦或"享乐效价"）的体现。在这里，大脑决定我们嘴里的食物是美味的、平淡的，还是令人恶心的。另一项fMRI研究表明，大脑使用两个维度来分析气味：强度和享乐效价（hedonic valence）。在大脑中，杏仁核的结构对气味强度做出反应，而眼窝前额皮质区域则决定气味的好坏。

交叉模态处理

眼窝前额皮质中的一些神经细胞对感觉的合并做出反应，例如味觉和视觉，或味觉和触觉，或嗅觉和视觉。输入信息的这种合并称为交叉模态处理，是通过学习获得的，但这是一个缓慢的过程，通常需要许多次不同的感觉配对，才会稳定。这就解释了为什么我们经常需要对一种新的食物或新款葡萄酒多次品尝才能充分欣赏它。刺激强化联想学习也正是在这个层次上发生的。例如，如果你遇到一种新的食物（刺激），它尝起来很好，但是会让你呕吐（联想），下次你把这些食物塞进嘴里时，你会立即厌恶地把它吐出来。这会使你不必再次呕吐，因此是一种保护机制。然而，这种厌恶机制很弱，可能会被有意忽略。

罗尔斯对眼窝前额皮质的研究与品酒直接相关，其中一个方面就是他对感官特异性饱腹感的研究。这是一个观察：当某一特定食物吃得足够多时，其奖励价值就会降低。然而，这种食物的愉悦感下降幅度比其他食物更大。例如，如果你香蕉和巧克力都喜欢，你吃了很多香蕉，那么你可能不想再来一根香蕉，但是您仍然会喜欢巧克力。大脑的这种特技使我们渴望在特定时间里得到特定种类的食物，并帮助我们平衡营养摄入。罗尔斯利用fMRI，发现人类的眼窝前额皮质对吃饱了的食物的气味的反应会减少，但是对另一种未食用的食物的气味的反应不会改变。对所吃的食物的气味强度的感知不会改变，但对其愉悦感（享乐效价）的感知会改变。

在另一项研究中，他表明吞咽并不是发生感官特异性饱腹感的必要条件。当问及这一点与葡萄酒的关系时，罗尔斯谨慎地进行推测，但是他也认为，在品酒过程中，品酒师反复品尝同样的味道或气味时，感官特异性饱腹感可能会有一定的影响。在大型贸易品酒会上，一次品尝多达一百多种葡萄酒是很常见的。如果在这种情况下确实发生了感官特异性饱腹感，则大脑可能将会以和第一款葡萄酒不同的方式处理你品尝的最后一款葡萄酒的口感——假设这些口感或气味具有某些共同的成分，例如单宁、水果味或橡木味。

当你长时间没有吃东西的时候，即使是简单的食物也会尝起来很美味，它们的享乐效价已经被你的饥饿状态改变了。

这一切在实践层面上都非常有意义。我喜欢覆盆子，但是如果我已经吃了五小篮，它们就会失去对我吸引力。虽然我仍然认为它们是覆盆子，但是我的大脑根据它接收到的其他信息，正在改变不同风味对我的吸引力。

大脑如何将分子转化为气味

气味研究通常集中在受体和分子上。自从1991年确定了嗅觉受体的分子特性以来，科学家就一直尝试将人类拥有的大约400

种功能性嗅觉受体与气味分子的化学结构进行匹配。这项研究的目的是鉴定嗅觉受体所识别的特定分子特征，并且由此能够设计出特定的人工气味化合物。这将极大地惠及数十亿美元的香水和化妆品行业。

从理论上讲，让我们的嗅觉系统发挥作用的最简单方式是，让每个嗅觉受体神经元携带一种类型的受体（一般认为是这样的），让每一个受体识别单一的芳香分子。如果你要设计一个会嗅闻气味的机器人，这可能就是你的方法。这就是电子鼻背后的概念：它经过调整可识别特定分子的化学结构。

为了延伸这种理论上的思路，当受体探测到分子时，结果会产生一个电信号。这是由大脑处理的，而大脑反过来又通过对分子的感知来呈现出我们有意识的感知。同样，如果你要设计一个机器人的嗅觉，你需要从调整好的受体中获取电信号，并找到某种方法来表示这种电信号，这样机器人就可以根据这些信息进行操作。如何解释"表示"的概念？最简单的方法可能就是使用笔记本电脑的进行类比。当我按下"A"键时，它会产生一个信号，然后计算机就会把这个信号表示成屏幕上的字母"a"，或者如果我按住Shift键，则将其表示为大写的字母"A"。在一个简单的嗅觉系统中，受体会探测到气味，例如草莓味或香草味。这会发出一种电信号，大脑就会以草莓或香草的气味来代表我的意识。基于大脑中的电活动和处理过程，我将以一种气味的形式感知到最初受体分子的相互作用，这对我来说就像按下电脑按键和在屏幕上看到一个字母之间的联系一样神秘。

但我们知道，这种简单的、机械的嗅觉观点太过简单了，因为我们有400种左右的嗅觉受体类型，但是我们仍然可能识别出10000种不同的气味分子。这意味着，即使不是全部受体，许多嗅觉受体也可以识别不止一个气味分子。反过来，一定有某些组合信号会对每一种气味进行感知。

还有一个更进一步的问题。想想葡萄酒或咖啡的气味。这些气味是数百种甚至数千种芳香族化合物的混合物。但我们却把它

们当成一种气味。在这种简单的、机械的嗅觉系统中，一个受体识别一个气味分子，然后以某种输出的形式表示出来，这根本不足以应对现实生活中我们遇到的许多气味分子混合物的情况。如果你想要一个在生物学上有用的嗅觉系统，则需要用一种完全不同的方式来构建。

因此，传统的对嗅觉的理解方法（试图确定一种气味的分子特征是如何表示的）存在一个问题。这种对受体分子的关注并没有真正解释我们实际上是如何感知嗅觉的。但是，一种被称为感知学习法的新的嗅觉理论似乎有更强的解释性，它很大程度上借鉴了我们视觉感知的方式，通过客体与世界打交道。

嗅觉客体是通过对称为合成处理的学习而创建的。在这里，我们学习识别同时出现的气味组合。这些客体可能还包括来自其他感觉的信息，比如味道和颜色，以及"情感"输入（我们对它们的喜好程度）。研究人员唐纳德·威尔逊（Donald Wilson）和理查德·史蒂文森（Richard Stevenson）提出了这种新的、基于客体的嗅觉理论。他们说："我们认为，经验和皮质可塑性在嗅觉感知中起着至关重要的决定性作用，而且当前充分分析的、'以受体为中心'过程的观点不足以解释当前的数据。"根据这一种观点，我们是学习识别嗅觉客体的。这与视觉中发生的情况非常相似。威尔逊和史蒂文森说："同时出现的气味和气味特征是通过中央回路中的可塑性合成的，形成了单一的感知结果，可以抵抗背景干扰、强度波动或部分退化。"

> "学习到的嗅觉客体可能包括多模态组分，熟悉的嗅觉客体可以通过环境、注意力和期望来识别。"
>
> 威尔逊和史蒂文森

源于记忆的简单性

我们将多种气味的混合物视为单一气味的方式，导致研究思路转变。正如我前面提到的，复杂的混合物是当作一个嗅觉客体处理的，例如葡萄酒或咖啡的气味。这是因为当我们闻到气味时，我们正在识别客体。嗅觉受体探测到的分子特征的认知，不足以预测感知到的气味的性质。大脑如何"解读"受体活性，取决于过去的经验和当前的期望。

为了更深入地解释这个概念，我们来看一下视觉。在视网膜上，人眼看到的图像是前后颠倒的，它由像素（光到达视网膜那一小块的单个信息点）组成。大脑中的高级处理系统开始从这些像素集合中提取信息。它寻找有意义的特征，比如边缘、对比差异、移动的物体等。我们的视觉系统不断地寻找客体。我们正是通过这些客体来理解周围的世界。的确，随着婴儿成长为幼儿，他们对识别和命名这些客体的兴趣很大。

客体的识别

在我们的记忆中，我们通过经验对各种客体形成了大量的模板。所以，当我们看到一个视觉场景时，我们做的第一件事（快速且无意识地）就是寻找客体。我们看到一些东西时，会根据模板检查它是否符合特定类型的客体的标准。如果答案是肯定的，那么我们可以得出结论，它是这一类型的客体。此外，根据我们对这类客体的行为以及应该如何与之交互作用的经验，我们可以决定其在当前环境下是否重要。

举个例子，说到汽车，我们会联想到一些特征。一旦在我们的记忆中有了汽车这个客体，每当我们看到有汽车的场景时，我们立刻会将它识别为"汽车"。我们可以立即将任何形状和任何大小的汽车识别出来，而与每个特定汽车客体的具体细节无关。不管光线和强度有多大的变化，这些客体都保持不变。例如，颜色从早到晚都在变化，但我们仍然可以识别客体及其颜色。通过识别客体和利用客体来与世界打交道，这使得视觉的信息处理变得更加容易。

在任何视觉场景中，面孔都是特别重要且相关的客体，因此即使在拥挤的场景中，我们也非常善于识别面孔。我们的大脑具有专门的面孔检测模式，我们在这方面非常擅长，因此只需要很少的特征我们就可以识别面孔。

漫画是一个很好的例子，它说明了我们如何只需要一组有限的特征就可以识别环境中的重要客体。

一名优秀的漫画家只需寥寥数笔，就能创作出我们可以非常

人类在识别面部方面具有非凡的能力，我们甚至可以识别不存在的"面孔"，例如一片烤面包上耶稣的大胡子面孔或一朵云中的大鼻子面孔。这种现象被称为面部幻想性视错觉，是对不存在的面孔的虚幻感知。

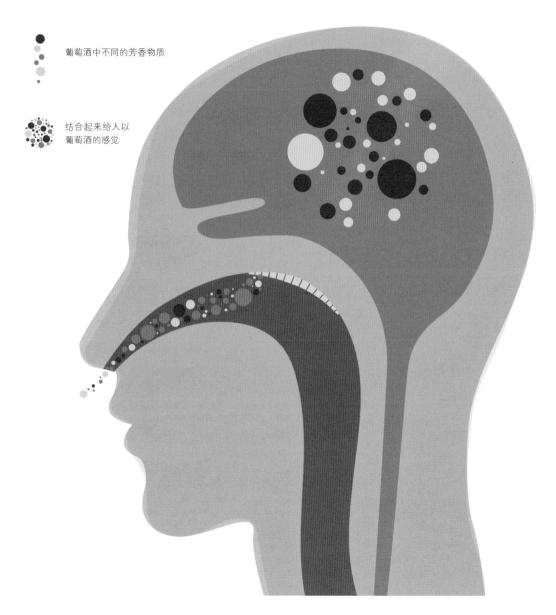

葡萄酒中不同的芳香物质

结合起来给人以
葡萄酒的感觉

我们如何处理复杂的气味混合物

　　葡萄酒中含有复杂的气味分子混合物，然而我们仍能够将其识别为我们称为"葡萄酒"的单一嗅觉客体。即使成分千差万别的葡萄酒也很快被识别为葡萄酒。然后，我们可以进一步查看，以将其按葡萄酒的类型分开。

清楚地将其识别为人物的客体，从这些非常有限的特征中，我们可以推断出人物的意图或情绪状态。动画很好地做到了这一点，乌塔·弗里斯（Uta Frith）及其同事设计了一组只有两个三角形的简单动画。两个三角形四处移动并相互作用，一个三角形比另一个大。而仅仅从这个简单的动画，大多数具有正常"心理化"能力（推测其他人的意图和情绪状态）的人，可以解读出这两个形状相互作用的意图。实际上几乎没有任何信息，我们却认为这些三角形有心理活动，并且同情它们，好像它们是人类一样。

动画中有一个被称为"恐怖谷"的相关现象。当我们看到具有人类角色的动画电影时，我们会更喜欢那些逼真的人类角色，但只是在一定程度上。一旦角色变得太过于逼真，就会进入"恐怖谷"，我们会发现这些角色有点令人不安，并且不那么喜欢它们了。流行电影《极地特快》（The Polar Express，2004）的动画可以很好地说明这个问题，它逼真到足以进入这个奇特的山谷，因此电影观看起来有些不舒服。这可能解释了为什么一些比较成功的超现实主义动画电影以玩具或动物为主角。

大脑对气味的识别

欧内斯特·波拉克（Ernest Polak）于1973年提出了一种新的嗅觉模型。他设想了一大组不同的谐调嗅觉受体，这些受体在受到刺激时发出气味特征模式的信号。他假设"大脑试图通过扫描并将其分解为先前存储的模式来识别该气味图像"。这与视觉中客体感知相似。尽管气味强度发生了变化或存在环境气味，我们仍可以完成弱化的刺激输入并识别出熟悉的模式，这一事实给前面的想法提供了支持。就像我们能从拥挤的场景中挑选出熟悉的视觉客体一样，我们能够在令人迷惑的混合气味中辨别出嗅觉客体。此外，我们对气味（一个嗅觉客体）的熟悉度会增强我们辨别气味的能力。

想想橘子。一个橘子具有形状特性（球形）、纹理特性（果皮凹凸不平）、颜色特性（它被称为橘子是有原因的）以及嗅觉和味觉特性。它还具有触觉特性——我们知道橘子在我们手中的感觉。然而，我们认为橘子是一个单一客体，并且这个客体是完全多模态的。

对于具有正常感觉的人来说，葡萄酒尝起来、闻起来就是葡萄酒。葡萄酒通常装在瓶子里，将其打开（用开瓶器或旋开螺帽），然后倒入玻璃杯中，就可以喝了。我们对葡萄酒的体验是一个整体。大多数人不是先闻一闻葡萄酒，而是先抿一口，然后对其做出整体反应。通常，他们的反应是享乐式的：我喜欢或者不喜欢这款葡萄酒。对于葡萄酒行业以外的人士来说，将喜好与品质区分开来是相对少见的。葡萄酒是一种由香气和味道组成的复杂混合物，是一种客体。葡萄酒一般分为白葡萄酒、红葡萄酒、粉红葡萄酒、甜型葡萄酒、干型葡萄酒等子类别。但是这些子类别仍然是作为客体处理的。

当我们试图以专业人士的身份来审视葡萄酒时，我们面临的挑战是我们对葡萄酒作为一种客体的理解。我们尝试区分复杂混合物中的各个成分，这是非常困难的，因为这不是我们的嗅觉正常工作的方式。正如我们讨论过的那样，我们的嗅觉被调整，来识别我们可以将其当作嗅觉客体的模式。

将嗅觉客体的概念扩展到风味

我已经利用许多感觉系统讨论了风味是如何呈现多模态的。这种风味的单一感知是如何产生的，最新的观点是，它可能也是一个基于客体的系统，类似于嗅觉。当食物或饮料在我们的嘴巴里时，这里是嗅觉的口部感知，将一个风味"客体"中所有不同的感觉结合在一起。我们认为，形成风味的鼻后嗅觉来自于食物或饮料激活触觉的地方。但是，尽管大脑可能已经对我们能够有意识感知的风味客体进行了编码，我们也只有有限的能力来识别能够形成风味客体的不同气味。任何客体的嗅觉和风味识别，都可能是和视觉中的面孔处理类似的，都是基于感知融合的模式识别的。我们看到了整个客体，但是也能以非常有限的方式识别构成这个客体的部分成分。

在某些方面，我们对周围世界所有基于客体的感知确实是多模态的。尽管并非所有客体都有来自所有感觉的信息输入，但是单独地考虑每一种感觉并不一定能使我们全面了解到我们如何感知世界。

这些都是相当复杂的观点，但是如果我们想要了解在风味感知中发生了什么，这些都是需要掌握的重要概念。但请注意，"假设存在多感官客体，风味客体很快就会变得非常具有哲学性，"斯彭斯说道，"我并不是说这是错误的，但是我的直觉是，需要做更多的工作来定义到底什么是风味客体。"

受过训练的品酒师对葡萄酒的体验是不同的

2002年，罗马圣卢西亚基金会功能性神经影像实验室的研究人员，在亚历山德罗·卡斯特里奥塔·斯坎德伯（Alessandro Castriota-Scanderbeg）博士的带领下，进行了一项简单而优雅的研究，解决了这样一个关键问题：受过训练的品酒师对葡萄酒的体验与新手不同吗？研究人员让7名专业的侍酒师和另外7人（年龄和性别与侍酒师一致，但是没有专业品酒能力）品尝葡萄酒，同时扫描他们的大脑反应。

但是，让某人在扫描大脑的同时品尝葡萄酒并不是一件容易的事。一名侍酒师安德里亚·斯图尼奥洛回忆说："这种体验令人非常不舒服，我当时在一个圆柱体里，嘴巴里有四根塑料管，完全不能动。"通过这些管子，研究人员给受试者喂下四种液体：三种不同的葡萄酒，以及一种作为对照的葡萄糖溶液。让受试者试着鉴别葡萄酒，并对其做出某种判断。还要求他们判断什么时候对葡萄酒的感觉最强烈：当葡萄酒在嘴里的时候（"味觉"），还是刚咽下去的时候（"余味"）。斯图尼奥洛说："实验持续了整整五十分钟，似乎是无止境的。"他补充道："当然，这些条件并不是进行如此精密的实验的理想条件，但是由于这些条件对于所有参与者都是相同的，因此我认为结果是可靠的"。

那么扫描结果怎么样呢？在"味觉"阶段，两组受试者大脑中的一些区域（尤其是岛叶和眼窝前额皮质中的初级和次级味觉区域）均被激活。但是在最初的这段时间里，只有侍酒师的另一个区域被激活，这就是被称为杏仁核—海马区的前面一个区域。

然而，在"余味"阶段，未经训练的受试者也展现出杏仁核—海马区这一区域被激活，但仅是右侧被激活，而侍酒师该区域的两侧均被激活。此外，在余味期间，侍酒师只显示左背外侧前额皮层进一步激活。

在这项研究中，无论是受过训练的品尝者还是没有受过训练的品尝者，眼窝前额皮质都是大脑中被激活的区域之一，考虑到其在风味感知中的重要性，这一点也不足为奇。但是在侍酒师中特别显示出激活的其他区域呢？

首先，我们有杏仁核—海马区。这个区域在处理动机（杏仁核）和记忆（海马区）中起着至关重要的作用。据卡斯特里奥塔·斯坎德伯所说，"在侍酒师组中，发现了杏仁核—海马复合体在早期一致被激活，这表示了他们在葡萄酒识别过程有较多的处理分析。"这可能表明，侍酒师在品尝葡萄酒的过程中期望得到奖励并因此感到高兴。另一个关键区域是左背外侧前额皮层，

嗅觉中的客体识别

　　根据客体识别理论，我们学习将广泛相似的嗅觉受体激活模式识别为特定的嗅觉"客体"。在此简单地说明一下该概念。彩色点表示已激活的受体。在每一种情况下，即使受体模式有所变化，葡萄酒仍被识别为一个客体。

该区域涉及认知（思维）策略的规划和应用。

该实验中侍酒师的独特激活与这样的观点是一致的，即只有经验丰富的品酒师在葡萄酒入口时才会遵循特定的分析策略。研究人员推测，这些策略可能是一种语言类型，将词语与特定风味联系起来。稍后我们将回到这个重要概念。

侍酒师在品尝葡萄酒时，似乎体验到了与普通人不同的东西，正如fMRI对音乐家的研究表明，与休闲听众相比，音乐激活了训练有素的音乐家大脑的不同区域。卡斯特里奥塔·斯坎德伯说："有明确的证据表明，大脑的神经联系随着训练和经验而改变。"他解释说："大脑随着主体专业知识的不断增长而调整其结构网络时，有两种明显矛盾的方式。"第一种也是最常见的一种方法，将一种特定功能分配给大脑中等级较高的一小簇细胞。第二种方法是让更多的大脑区域来帮助完成复杂的任务。经验丰富的品酒师似乎遵循第二种方法，利用新的大脑区域来帮助分析感官刺激。

最近，莱昂内尔·帕扎特（Lionel Pazart）及其同事做了一项类似的研究，试图解决这个问题，但是他们却发现卡斯特里奥塔·斯坎德伯的研究中存在一些方法论问题。在2014年发表的这项研究中，他们研究了10位著名的侍酒师，以及10位性别和年龄与侍酒师相匹配的对照组人员。实验中包括了两款葡萄酒：一款阿尔布瓦霞多丽（Arbois Chardonnay）和一款朱拉黑比诺（Jura Pinot Noir）。他们将20位受试者放在fMRI机器中，在扫描他们大脑的同时，通过管子将葡萄酒送入他们的嘴里。实验目的是通过比较两组人品尝葡萄酒和水来辨别大脑激活的差异，以了解专业知识的影响如何。他们发现，无论是专家还是新手，在岛状皮层中，味觉、触觉和嗅觉的信息输入都存在重叠和结合。然后将这种风味感知传递到脑干和丘脑的上游区域，以及杏仁核、眼窝前额皮质和前扣带皮质的下游区域。

人们普遍认为很难对气味进行分类和识别。然而，像侍酒师这样训练有素的葡萄酒专家会形成品尝葡萄酒时描述他们的感受

在中风患者的康复过程中，与康复前相比，在康复后通常会看到一个特定的任务激活大脑中一个比较小但是更高级的区域。

的能力，而新手则很难用语言来描述他们的体验。

正如我将在第5章中讨论的那样，人们认为葡萄酒专业知识更多地是基于认知能力，而非增强的感知能力。在帕扎特的研究中，侍酒师大脑中被激活的区域许多都涉及记忆功能，主要是在左半脑。这些专家似乎比对照组更经济地处理感觉信息，对照组显示是在不同的联合皮质激活，主要是在右半脑。专家们在更有效地利用他们的大脑。研究结果还表明，葡萄酒专家在进行感官质量评估的同时，也在尽其所能识别葡萄酒。

经验引起大脑的变化

这些实验对于葡萄酒品评的意义是显而易见的。假设你多年来已经喝了相当数量的葡萄酒，你还记得第一次真正吸引你的葡萄酒吗？如果你现在回到过去，再次品尝那款酒，在具有多年的品酒经验中，重新品尝该酒时，你会感觉到一些完全不同的东西。喝了那么多酒，你的大脑已经发生了变化（不是酒精导致神经退化意义上的变化）。就像在这项研究中侍酒师所做的那样，通过关注你喝酒时的情况，你对葡萄酒的反应也会与未经培训的对象有所不同。这强调了学习在葡萄酒鉴赏中的重要性。

来自加利福尼亚的一组研究人员在神经经济学的新领域开展了另一项研究，进一步强化了知识改变感知的观点。研究人员使用fMRI显示，人们获得的有关葡萄酒的信息可以改变他们对葡萄酒的实际感知，以及在饮用葡萄酒时的愉悦程度。研究人员讨论了经济学中一个称为"体验效用"（EU）的术语，并描述了市场营销如何频繁地以改变某一特定商品的EU为目标，而不改变商品的性质。

研究人员选择用葡萄酒作为一个测试案例，看看价格是如何改变EU的。20个人为一组，当他们躺在fMRI机器中时，给他们提供5种不同的赤霞珠葡萄酒。告知受试者他们正在品尝的葡萄酒的零售价格，并告诉他们要专注于葡萄酒的味道，说出对葡萄酒的喜欢程度。但是，这个实验有一个巧妙的转折。实际上，只向受

精通一种葡萄酒文化的人在探索另一种葡萄酒文化时，可能需要重新学习葡萄酒。例如，即使你对澳大利亚红葡萄酒有多年的专业知识，在尝试鉴赏德国雷司令时也可能必须从头开始学习。

试者呈现了三款葡萄酒，其中有两款葡萄酒以不同的价位呈现为不同的葡萄酒。受试者实际品尝的是：5美元的葡萄酒（第一款葡萄酒，实际价格）；10美元的葡萄酒（第二款葡萄酒，虚假价格）；35美元的葡萄酒（第三款葡萄酒，实际价格）；45美元的葡萄酒（第一款葡萄酒，虚假价格）和90美元的葡萄酒（第二款葡萄酒，实际价格）。

毫不奇怪，价格和喜好之间存在相关性。值得注意的是，受试者在饮用同一款葡萄酒时，当被告知他们正在饮用的葡萄酒价格较高时，他们会更喜欢这款葡萄酒。大脑扫描比较了受试者品尝相同葡萄酒（但是让受试者认为这是不同的葡萄酒，且价格也不同）时的反应。扫描结果显示，当受试者认为葡萄酒价格较高时，大脑中体验愉悦的部分更加活跃。价格不仅影响感知的质量，似乎还通过改变感知体验的性质来影响葡萄酒的实际质量。这些结果的重要性在于，它们证明了，我们对葡萄酒的期望（也许是由于看了一眼标签）实际上将会改变饮酒体验的性质。

品酒体验的言语表征

认知心理学家弗雷德里克·布罗歇特（Frédéric Brochet）开创了一系列与此高度相关的重要工作。在研究了品酒实践（通常由专业人员进行）之后，他声称，品酒实践和教学建立在一个脆弱的理论基础上。布罗歇特说："品尝是一种'表征'，当大脑执行一项"认识"或"理解"任务时，它控制着'表征'。""表征"是指在身体体验的基础上，由大脑构建的一种有意识的体验。就品酒而言，是指葡萄酒的味觉、嗅觉、视觉和口感。

布罗歇特在他的工作中使用了三种方法：文本分析（观察品尝者用来描述他们表征的词语类型）；行为分析（通过观察受试者的行为来推断认知机制）；大脑功能分析（通过使用fMRI观察大脑如何直接对葡萄酒做出反应）。

虽然我们将在第8章中深入讨论葡萄酒中的语言，但在这里值得一提的是布罗歇在文本分析方面的工作，涉及对文本中词汇使用的统计研究。布罗歇特使用了五个数据集，包括来自《哈切特指南》（*Guide Hachette*）、罗伯特·派克（Robert Parker）、雅克·杜邦（Jacques Dupont）和他本人的品酒笔记，以及在国际葡萄酒及烈酒展览会（Vinexpo）上从44位专业人员那里收集的8种葡萄酒的笔记。布罗歇特使用名为Alceste的文本分析软件，研究了不同品尝者使用文字来描述他们品酒体验的方式。

布罗歇特总结了以下六个关键结论。第一，作者的描述性表征是基于葡萄酒的类型，而不是基于品酒的不同阶段。第二，这些表征是"典型的"，也就是说，用于描述葡萄酒的类型是特定的词语，每个词语代表一种类型的葡萄酒。换句话说，当一个品酒师品尝一款特定的葡萄酒时，他们用来描述该葡萄酒的词语就是那些与这种（或这类型）葡萄酒相关的词语。第三，每个作者使用的词语范围（或词语领域）不同。第四，品酒师对偏爱的或不喜欢的葡萄酒有特定的描述词汇。似乎没有一个品酒师在描述他们的表征时把自己的喜好放在一边。布罗歇特补充说，这种结果，即表征对喜好的依赖性，在香水界是众所周知的。第五，在品酒师组织所使用的描述性术语的类别中，颜色是一个主要因素，并且对所使用的描述词的种类有重大影响。第六，文化信息存在于感觉描述中。

然后，布罗歇特邀请了54名受试者参加一系列的实验，要求他们必须描述一款真正的红酒和一款真正的白葡萄酒的香气（见P15）。几天后，同样的一组人回来描述相同的白葡萄酒的香气，以及用中性食用色素染成红色的相同的白葡萄酒的香气。有趣的是，在这两天，他们都使用相同的术语描述了"红"葡萄酒，尽管其中有一款实际上是白葡萄酒。布罗歇特得出结论，气味感知与颜色一致：视觉在葡萄酒品评过程中具有至关重要的作用。他指出，这在食品和香水行业中是众所周知的。这就是很少有人出售无色糖浆或香水的原因。

在第二个同样"调皮"的实验中，布罗歇特每隔一周就会向人们两次提供相同中等质量的葡萄酒。不同之处在于，第一次将

布罗歇特说："涉及认知表征的某些描述性术语可能来自受试者的记忆或者听到或看到的信息，然而无论是舌头还是鼻子，都不是获取这些信息的对象。"换句话说，对葡萄酒的评判需要葡萄酒直接的感官体验之外的元素。

葡萄酒作为一款日常餐酒（Vin de Table）包装并提供给人们，第二次则作为一款特级（Grand Cru）葡萄酒提供给人们。受试者认为他们第一次品尝的是一款简单的葡萄酒，第二次是一款非常棒的葡萄酒，即使这是同一种酒。布罗歇特在受试者的品酒笔记中发现的内容很有说服力。与"特级（Grand Cru）"葡萄酒相比，日常餐酒（Vin de Table）的品评中，"很多"代替了"一点"，"复杂"代替了"简单"，"平衡"代替了"不平衡"。这一切都是因为看到了标签。

布罗歇特用一种称为"感知期望"的现象来解释这个结果：受试者感知他们已经预先感知到的事物，然后他们发现很难摆脱这种预先感知。对于我们人类而言，视觉信息比化学感觉信息重要得多，因此我们倾向于更信任视觉。这解释了酿酒师埃米耶·佩诺（Émile Peynaud）的观察，即"盲品优质葡萄酒往往令人失望。"

布罗歇特的进一步研究，调查了一组品酒师对一系列葡萄酒的质量评价有何不同。要求8名品酒师组成的小组按照喜好盲品，对18种葡萄酒进行排名。结果差异很大。与圣卢西亚基金会（Santa Lucia Foundation）研究人员采用的方法类似（见P76），布罗歇特使用MRI评估了4个受试者对一系列葡萄酒的大脑反应。其中一个最有趣的结果是，相同的刺激会在不同的人中产生不同的大脑反应。就激活的大脑区域而言，有些人的言语能力更强，而另一些人更善于观察。

当一个人多次品尝相同的葡萄酒时，每次品尝的扫描图像都会有所不同。布罗歇特得出结论，这证明了"表征的易变性表达"。表征是一个"在同等条件下，融合了化学感觉、视觉、想象和语言想象"的整体形式。

破坏大脑的工作

在本章中，我们一直在研究大脑将来自不同感觉的信息相结合以形成风味的方式。这种结合大部分在我们有意识地注意到它之前就已经发生的事件，与新闻编辑室编辑资料，以呈现每天15分钟的新闻简报类似。我们所感知的并不是与现实完全一致的，大脑只给我们呈现我们需要的信息，就像一张好的地图可以帮助我们导航某个城市或在旅途中找到目的地一样，而不会让我们被不必要的信息压垮。但是，当涉及葡萄酒行业所进行的那种分析性葡萄酒品评时，我们正在尝试做一些与我们的感知方式不一致的事情。

伦敦大学哲学研究所感官研究中心联合主任巴里·史密斯（Barry Smith）评论道：

"认真的品酒师正试图破坏大脑的工作，这是一件疯狂的事情。大脑将所有的信息在你还未意识到时完美地结合在一起，因此在你的体验中，这是作为一个综合的、统一的整体出现的。然后，品尝者所做的是将这些信息碎片再次分开，使自己注意到这些信息。质感如何？单宁有多好？什么是涩味（收敛性）？我尝到了哪些酸或糖？香气如何持久？它试图通过顶层的思考进而看到幕后的东西。如果这些信息未被融合，你面对的所有信息都是碎片化的，你将会单独地注意到它们。但是大脑的工作是找到将所有这些信息结合在一起的东西，并告诉我它整体尝起来如何。所以品酒很'奇特'。"

史密斯接着说：

"（葡萄酒大师）贾斯珀·莫里斯（Jasper Morris）说，'当你在教人们品酒时，你让他们品尝十种葡萄酒中的相对酸度，并要求他们对葡萄酒进行排名，如果你问他们是否喜欢这些葡萄酒，他们会说我不知道。然后，你对他们说忘了这一切，就像在家一样喝酒。然后他们会说，哦，我很喜欢这个。'这就好像，当您专注于各个局部时，你并没有获得整体的综合体验，这就是我认为享乐主义所在的地方。大脑所做的统一是快乐和享乐的载体。"

这是一个有趣的观点。史密斯提出，分析性品酒是一种与正常饮用葡萄酒截然不同的活动。评论家们仿佛应该在他们的分析工作中退后一步，只是像普通人那样喝葡萄酒，以便正确地了解葡萄酒。在下一章中，我们将研究葡萄酒的化学成分，并将其与葡萄酒的感知联系起来。我们将在第7章中回到大脑研究，探索意识体验的本质，并更深入地了解我们如何与世界互动。

第 4 章

葡萄酒风味化学

葡萄酒是一种化学的"汤"，其中许多化学物质都有味道和气味。对葡萄酒风味化学的传统理解是，风味是添加剂。感官科学家已经探索了这些化学物质对个别风味和香气的影响，然后试图将其与葡萄酒的整体特性联系起来。但是现在这种观点受到了质疑。一些化学物质可能对自身的影响相对较小（甚至可能低于感知阈值），但在选择性地去除单一或相关化合物的重组实验中发现，这些看似不重要的化学物质可能会对葡萄酒的整体风味产生重大影响。在本章中，我们将深入探讨对葡萄酒化学的新认识。

葡萄酒风味的复杂性

我们先来假设一下，葡萄酒的风味是基于葡萄酒中存在的化学物质。但是，正如我们在前几章中已经讨论的那样，事情并非如此简单。当你和我一起品尝同一杯酒时，虽然我们的感觉系统遇到相同的分子，但是我们可能有截然不同的经历，尽管我们对这杯酒的体验非常相似，可以让我们讨论葡萄酒。但是，出于本章的目的，我们将忽略这种额外的复杂性，而是只讨论葡萄酒中的化学物质，因为它们是一个拥有正常功能的感觉系统和平均品酒经验的普通人可能感知到的。

葡萄酒是一种由数百种具有风味活性的化合物组成的复杂混合物。葡萄酒中发现的挥发性分子的确切数量尚不清楚，但是通常在800~1000个之间。很明显，它们的数量很多，尽管在每一种葡萄酒中，只有分子的浓度达到一定的水平才可以被大多数人察觉，这个水平被称为感知阈值。最近一个叫作代谢组学的化学分析方法在葡萄酒中进行了应用。这种方法使用强大的分析技术来同时分析存在于葡萄酒中的所有物质，从而生成大量数据。

然后，使用同样强大的统计工具来分析这些数据并评估整个葡萄酒的化学成分。这种不偏不倚的方法的好处在于它是中立的：研究从一开始就没有任何假设。人们对这种方法很感兴趣，例如，可以用它给某个地区的葡萄酒创建一个特有的指纹图谱。例如，也许可以查看法国勃艮第热夫雷-香贝丹（Gevrey-Chambertin）的各种葡萄酒，然后看哪些葡萄酒来自特定的产区，即便这仅凭品尝很难做到。此外，它可以作为鉴别名贵或陈年葡萄酒的宝贵工具。

不过最终，还原论/加法论（我们把葡萄酒分解成许多成分，根据每种成分的气味和味道像什么，然后还原成葡萄酒的风味）是行不通的。

葡萄酒的其他成分可以改变风味化合物的挥发性。除此之外，人类对各种风味化学物质的感知也因其所处的环境（即葡萄酒中存在的其他化学物质）而改变。因此，即使化学物质"A"在两种葡萄酒中浓度相同，但是它在一种葡萄酒中可能低于检测水平，而在另一种葡萄酒中则高于检测水平。酒的味道也会影响我们解释口中物质的方式。葡萄酒的气味也会影响我们对口中物质的理解方式。一项研究表明，闻到甜味的东西会使我们对口中糖溶液的甜度有更高的评价。而且，令人惊奇的是，即使是想象闻到甜的东西，也会改变我们对糖溶液甜度的评价。

一个更复杂的因素是，形成葡萄酒独特品质的许多重要的化学物质都是以非常低的浓度存在的。以酿酒师的老对手2，4，6-三氯苯甲醚（TCA）为例，它是木塞污染味的罪魁祸首。这种发霉的异味在不到万亿分之五（这种浓度常与奥运会规模的游泳池的水滴相比较，或与许多世纪以来的秒数相比较；两者都不是很多）的极低的浓度下就能被检测到。相反，就葡萄酒的感官品质而言，葡萄酒中最普遍的成分往往是相对不重要的。还需要记住的是，我们目前最了解的那些化合物不一定是决定葡萄酒风味的最重要的化合物，它们只是那些我们可以利用现有技术进行采样的物质。

西班牙萨拉戈萨大学的维森特·费雷拉（Vicente Ferreira）是研究葡萄酒成分和香气的主要专家之一。他的研究非常有趣，

葡萄酒的香气和风味不是加和（只是葡萄酒所含的各种化学物质的不同气味和味道的总和）。相反，不同成分之间存在许多相互作用，包括掩蔽作用（一种化合物干扰另一种化合物的感知）和协同作用（两种或更多种不同化合物的组合产生的一种感知）。

因为他对葡萄酒的风味进行了全球范围的研究。费雷拉将葡萄酒的各种风味化合物分为不同的三类，这是一种结构化的思维方式，可以帮助我们解决这个难题。另外，他还有葡萄酒矩阵的重要概念。尽管有些葡萄酒含有所谓的"关键"化合物，但是也有许多葡萄酒却缺乏这些化合物，而是含有大量的活性香气，每种香气都会使葡萄酒产生细微的差别。

在第3章中，我们看到了嗅觉是如何通过客体识别来工作的。我们根据客体处理我们周围的世界，气味研究的是组成我们能够识别的客体的多种香气的模式。因此，对于葡萄酒专家来说，有客体代表了长相思、黑比诺或成熟波尔多的香气。我们可以识别客体，但是发现很难识别这些客体的组成。因此，如果我们要了解葡萄酒风味化学，我们必须同时处理香气混合物，而不是孤立地处理：葡萄酒是一个整体。

葡萄酒香气

费雷拉描述了他所说的"葡萄酒香气"的基本成分，这是所有葡萄酒中存在的20种不同的芳香族化学物质共同作用的结果，形成了一种全球化的葡萄酒香气。在这20种香气中，只有1种存在于葡萄中（β-大马士酮）；其余的则是由酵母代谢产生，在许多情况下作用于葡萄汁中的前体。这包括高级醇类（例如，丁醇、异戊醇、己醇、苯乙醇）；酸类（乙酸、丁酸、己酸、辛酸、异戊酸）；来自脂肪酸中的乙酯；乙酸盐和及其化合物，如二乙酰；乙醇。

此外，大多数葡萄酒中存在16种"有香气贡献的化合物"，但含量相对较低。这些化合物的香气活性值（OAV：化合物浓度与其感知阈值的比率）通常低于1，尽管它们的浓度低于通常能让人们闻到的浓度，但是仍具有协同的香气活性，有助于形成特征香气。

感知阈值是一个普通人能够闻到该化合物气味时的浓度，根据其在水中还是在葡萄酒中而有所不同。

感官科学家面临的挑战之一是，在许多情况下，不可能在感官描述语和单个香气分子之间建立一个明确的联系。相反，品尝者的具体描述语所指的通常是两种或多种香气活性化学物质相互作用的结果。过去，对葡萄酒香气的研究都是在寻找一种分子来解释一切，但是费雷拉的研究让人们开始思考香气的组合。

葡萄酒的类型也会影响其检测，所包括的有香气贡献的化合物有：挥发性酚（愈创木酚、丁香酚、异丁香酚、2，6-二甲氧基苯酚、4-烯丙基-2，6-二甲氧基苯酚）；乙酯；脂肪酸；高级醇的乙酸酯；支链脂肪酸乙酯；含有八个、九个或十个碳原子的脂肪族醛；支链醛（例如，2-甲基丙醇，2-甲基丁醇，3-甲基丁醇，酮，脂肪族 γ-内酯）；香草醛及其衍生物。

关键化合物

关键化合物是一组化学物质，即使它们以极低的浓度存在，也能够为某些葡萄酒赋予特征性的香气。这些是令人非常感兴趣的，因为它们通常有助于形成独特的品种香。但是，许多葡萄酒缺乏明显的关键化合物。例如，长相思是一个非常有趣的葡萄品种，因为人们认为它的大部分特征香气来自少数的关键化合物，主要是甲氧基吡嗪（其中最重要的是2-甲氧基-3-异丁基吡嗪）和三种硫醇［4-巯基-4-甲基-2-戊酮（4MMP），3-巯基-1-己醇（3MH）和3-巯基乙酸乙酯（3MHA）］。关键化合物已成为深入研究的重点，下面将详细介绍其中一些化合物。

- 甲氧基吡嗪：最重要一种的是2-甲氧基-3-异丁基吡嗪（MIBP，异丁基甲乙氧基吡嗪），在水和白葡萄酒中的检测阈值为2 ng/L（在红色葡萄酒中略高），能产生绿草、青草、青椒的香味。2-异丙基3-甲氧基吡嗪（异丙基甲氧基吡嗪）也很重要，但可能次于MIBP。
- 单萜类，如芳樟醇，在许多白葡萄酒（如麝香葡萄）中很重要，具有花香和柠檬味。
- 顺式玫瑰醚：琼瑶浆的特征化合物，具有甜美、浓郁的玫瑰花瓣的香味。
- 莎草薁酮：一种半萜，以极低的浓度为西拉葡萄提供了胡椒辣味。值得注意的是，1/5的人无法闻到。
- 多官能团硫醇（硫醇）：包括4MMP，具有黄杨味（4.2 ng/L的

甲氧基吡嗪是葡萄中形成的少数几种关键化合物之一，并且在葡萄酒的发酵和陈酿过程中非常稳定。

检测阈值）；3MHA，具有热带水果/百香果的香味（60 ng/L）；还有3MH，闻起来有葡萄柚的味道。这三种物质在长相思的香气中很重要。许多其他硫醇在葡萄酒香气中也很重要，通常被认为是不好的化合物。

除了实际的香气分子外，费雷拉近段时间最有趣的一些工作是研究所谓的葡萄酒的非挥发性基质。这里的观点是，自身没有任何芳香特征的葡萄酒成分仍然可能强烈地影响人们对葡萄酒中各种芳香分子的感知方式。实际上，非挥发性基质会影响我们如何阐释葡萄酒的香气。费雷拉及其同事进行了一个有趣的实验，他们发现，非挥发性基质对于确定葡萄酒的香气特征至关重要，甚至将白葡萄酒中的香气物质放入红葡萄酒的非挥发性基质中时，闻起来像红葡萄酒。作者在论文的绪论中说道："单是对挥发性和非挥发性成分的了解，还不足以完全了解葡萄酒的整体香气以及总体风味。""香气之间的相互作用，感觉形式之间的感知相互作用，以及香气与葡萄酒非挥发性基质不同成分之间的相互作用，都可能影响香气的挥发性、风味释放以及整体风味感知或香气强度和质量。"

在这项研究中，他们选择了6种不同的西班牙葡萄酒，3种为白葡萄酒，3种为红葡萄酒。使用冻干（冷冻干燥）的方法去除每种葡萄酒样品中的芳香物质，并用二氯甲烷去除残留的芳香物质。通过氮吹除去二氯甲烷。然后将提取物溶于矿泉水中，形成葡萄酒基质。

通过一系列单独的操作，从每种葡萄酒中提取芳香提取物，提取出6种芳香提取物。然后，将不同的葡萄酒基质与不同的香气提取物结合在一起，形成一系列重新配制的葡萄酒。一共制作了18种重新配制的葡萄酒，并由一个训练有素的感官小组进行分析。

结果表明，非挥发性提取物（基质）对葡萄酒的香气感知有着惊人的巨大影响。例如，当将一种果味白葡萄酒的芳香提取物与另一种白葡萄酒的非挥发性提取物重新配制时，影响相对较

小。但是，当它与红葡萄酒的非挥发性基质结合时，会有很大不同，此时感官小组继续使用与红色水果相关的术语描述葡萄酒，而不是通常用于描述白葡萄酒的术语。"辛辣的"和"木头味"等其他的红葡萄酒术语也开始出现。当将红葡萄酒挥发性物质添加到白葡萄酒基质中时，会出现类似的效果："白色""黄色"和"热带水果"都开始出现在评委的品尝笔记中。

这些结果令研究者感到惊讶。以前的研究表明，葡萄酒中的非挥发性成分会影响葡萄酒的香气，但这主要是通过与香气结合使它的可释放性降低而产生影响。

这项研究的非凡之处在于，它证明了非挥发性基质在改变对葡萄酒挥发性成分的感知方面具有重要作用。众所周知，跨模态

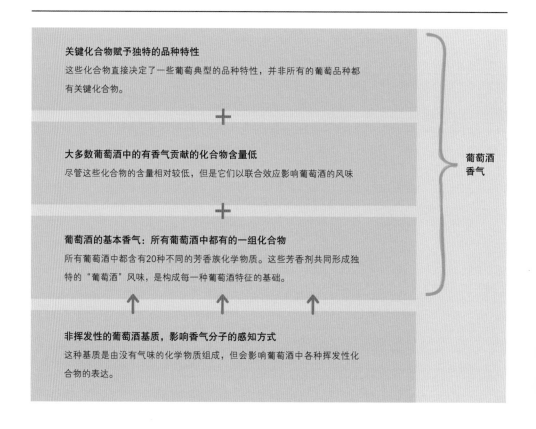

关键化合物赋予独特的品种特性
这些化合物直接决定了一些葡萄典型的品种特性，并非所有的葡萄品种都有关键化合物。

+

大多数葡萄酒中的有香气贡献的化合物含量低
尽管这些化合物的含量相对较低，但是它们以联合效应影响葡萄酒的风味

+

葡萄酒的基本香气：所有葡萄酒中都有的一组化合物
所有葡萄酒中都含有20种不同的芳香族化学物质。这些芳香剂共同形成独特的"葡萄酒"风味，是构成每一种葡萄酒特征的基础。

葡萄酒香气

非挥发性的葡萄酒基质，影响香气分子的感知方式
这种基质是由没有气味的化学物质组成，但会影响葡萄酒中各种挥发性化合物的表达。

感官效应能够改变感知，特别是当涉及视觉时（正如我们在第1章和第3章中看到的那样，专家品尝一款染成红色的白葡萄酒，会用红葡萄酒的术语描述它的香气）。这项研究避免了这一因素，将葡萄酒装在黑色的杯子里，并要求参与者在品尝葡萄酒之前描述其香气。

从这类研究中，人们对葡萄酒有了更全面的认识。虽然还原方法试图通过将葡萄酒分解成其组成的化合物，然后单独进行研究，以此来研究葡萄酒的风味，但随着意识到还原方法的局限性，葡萄酒风味化学领域日趋成熟。考虑到这一点，我们来看看葡萄酒的一些关键成分。

将葡萄酒看作一个整体，并考虑人的感知，这样可能会让人们对葡萄酒风味有更全面的了解。

有机酸

酸能使葡萄酒尝起来清新，也有助于葡萄酒保存。酸度较高的白葡萄酒通常比酸度低的白葡萄酒陈酿得更好。红葡萄酒的酸度可以稍低一些，因为它们含有有助于葡萄酒保存的酚类化合物。葡萄中发现的主要有机酸是酒石酸、苹果酸和柠檬酸。酒石酸是关键的葡萄酸，在未成熟的葡萄中可以达到每升15 g的水平。它是一种非常强的酸，是葡萄特有的。在未发酵的葡萄汁中每升3~6 g。苹果酸在青苹果中含量丰富，与酒石酸不同，苹果酸在自然界中广泛存在。在转色期（葡萄变色，皮开始变软）之前，它的含量可以达到20 g/L。在温暖的气候中，发现苹果酸在未发酵的葡萄汁中的含量是1~2 g/L，而在较凉爽的气候中，其含量为2~6 g/L。柠檬酸在自然界中也很普遍，在葡萄中的浓度为0.5~1 g/L。葡萄中存在的其他有机酸，包括D-葡萄糖酸、粘酸、香豆酸和香豆酰酒石酸。在发酵过程中会产生琥珀酸、乳酸和乙酸。抗坏血酸可以作为抗氧化剂添加到酿酒过程中。如果发生苹果酸乳酸发酵，在乳酸菌的作用下，苹果酸大部分转化为乳酸，乳酸尝起来不如苹果酸酸。

未发酵的葡萄汁和葡萄酒被称为酸碱性缓冲溶液。也就是说你很难改变其pH值（pH是溶液中氢离子数量的度量；酸性越强的葡萄酒的pH值越低）。相反，如果你把酸加到水里，可以很快地改变其pH值，因为水没有缓冲作用。正是由于葡萄汁和葡萄酒中存在某些化合物，使得其pH值不容易改变（尽管改变葡萄酒的pH值比葡萄汁容易一些）。通过观察葡萄汁的pH值很难预测一款葡萄酒最终的pH值，因为在酿酒过程中会发生一些改变pH值的事情。需要酸化时，通常使用酒石酸。从法律上讲，可以使用苹果酸或柠檬酸改变pH值，但是由于它们是弱酸，因此需要的更多。在进行苹果酸乳酸发酵时，添加柠檬酸并不是一个好主意，因为细菌会将柠檬酸转变成双乙酰，双乙酰有一种黄油味，会让人反感。

高pH值不一定是一件坏事：它能赋予葡萄酒一种可口柔滑的口感（例如，在普罗旺斯的桃红葡萄酒或罗纳河北边的白葡萄酒）。一般来说，在较低的pH值下酿酒更安全，因为氧化和微生物腐败的风险降低了。pH值影响以活性分子形式存在的二氧化硫（SO_2）的量。在pH 3.0时，6%的SO_2以分子形式存在，而pH为3.5时只有2%。在酸度较低、pH值达到4的葡萄酒中，0.6%的SO_2是以分子形式存在的，因此必须添加大量的酸才能使其对葡萄酒有显著的保护作用。

令人困惑的是，"TA"代表总酸和可滴定酸，用于葡萄酒分析。总酸是指葡萄酒中有机酸的总量。可滴定酸是指葡萄酒中的酸中和碱（碱性物质）的能力，碱通常是氢氧化钠。总酸在实际中很难测量，因此用可滴定的酸度作为近似值。根据定义，可滴定酸总是比总酸低。给出葡萄酒的"TA"通常是可滴定的酸度，以g/L表示，但是这里有一个容易混淆的概念。大多数国家使用"酒石酸"作为标准，但一些欧洲国家使用"硫酸"作为标准，这是酒石酸的2/3。

说到酸味，pH和TA哪个更重要？

关于这一点，大多数文献表明，TA给葡萄酒赋予了酸味，因此需要注意的重要数据不是pH值而是TA。这里的易混淆因素是，pH和TA通常是相关的，因此它们很难分开，因为低pH值的葡萄酒通常TA较高。但是你可以用高TA得到pH值较高的葡萄酒，在这种情况下，酒尝起来很酸。不同的有机酸似乎有不同的风味：酒石酸生硬，苹果酸清新，乳酸较柔和并带有一些酸味。通常，在温暖气候下使用酒石酸调节葡萄酒的pH值时，即使在pH值不是特别低的情况下，所需的酸的水平也会使酸非常坚硬且棱角突出。另一个问题是，添加酒石酸会降低葡萄酒中的钾浓度（它们会结合形成酒石酸钾），并且钾被认为是影响葡萄酒酒体的重要因素。

糖和甜味

葡萄酒的甜味由三个因素构成。首先是糖。这是通过舌头上的甜味受体来感知的。其次，有一种甜味来自果味。尽管甜味是一种味觉形态，但尝起来甜的葡萄酒闻起来也很甜。就含糖量而言，大多数商业红葡萄酒是干型的，但是许多红葡萄酒由于果味浓郁而具有甜甜的香气。即使没有糖，非常成熟的果味尝起来和闻起来也是甜的。甜味的第三个来源是酒精，它尝起来是甜的。在不同的酒精水平下尝试同样的红葡萄酒非常具有启发性，在这种酒中，酒精已通过反渗透或旋蒸瓶去除。随着酒精含量的下降，在所有其他成分保持不变的情况下，葡萄酒尝起来逐渐变干型，圆润度和饱满度也会下降。在酒精含量大大降低的葡萄酒中，例如新推出的、酒精含量5.5%轻型葡萄酒中，有必要增加一些甜味，通常以残留糖的形式添加。如果最初原酒具有非常甜美的水果风味，也会有所帮助。低酒精度的白葡萄酒酿造者有时会加入一些具有甜味香气的麝香葡萄或琼瑶浆，以增加甜味。

在较甜的白葡萄酒和香槟中，糖和酸的平衡至关重要，两者相互对抗。甜味会被酸度所抵消，因此，低酸度的甜型葡萄酒似乎比相同含量的高酸度葡萄酒更甜（并且通常更好喝）。

在香槟中，天然干型香槟的典型含糖量是8~10 g/L，这有助于抵消酸度，但不会使香槟变甜。贵腐菌侵染的甜型葡萄酒之所以备受推崇，是因为除了浓缩甜度和风味外，葡萄中的贵腐菌在

干缩过程中也浓郁了酸含量。世界上最好的甜型葡萄酒含糖量很高，酸度也很高。

多酚类物质

多酚类物质可能是红葡萄酒中最重要的化学物质，但在白葡萄酒中就不那么重要了。多酚是以苯酚为基本骨架的一大类化合物。酚类化合物的一个重要特性是，它们通过一系列的非共价力（例如氢键和疏水作用）与多种化合物（例如蛋白质和其他酚类）自发缔合。

人们普遍认为，酚类化合物具有增强健康的作用，但它们倾向于与蛋白质，如唾液中富含脯氨酸的蛋白质(PRPs)结合，共同抑制多酚到达体内可能具有活性的活性位点。以下几类多酚在葡

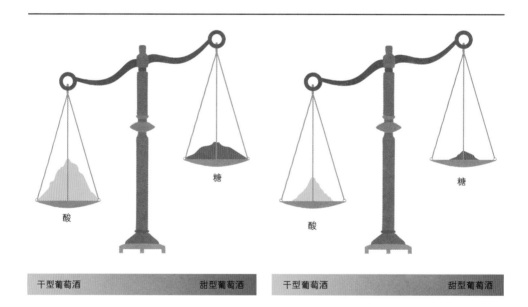

酸度和甜度

甜度和酸度彼此平衡；如果酸度高，那么一款含糖量很高的葡萄酒尝起来会和一款含糖量很低的葡萄酒一样干。葡萄酒的风味来自糖酸比率，而不是两者的含量。

萄酒中比较重要：

非类黄酮多酚： 这些较小的非类黄酮多酚化合物有两种类型，即苯甲酸（例如没食子酸）和肉桂酸。它们通常以结合的形式（例如，作为酯或糖苷）存在于葡萄中。

黄烷-3-醇： 这些在葡萄酒中很重要，包括儿茶素和表儿茶素。它们的聚合形式尤其重要，被称为原花青素（通常称为缩合单宁）。

类黄酮： 由黄酮醇和黄烷醇组成，它们是在红葡萄和白葡萄中发现的黄色色素。

花青素： 这些是葡萄中的红色、蓝色和黑色色素，通常存在于葡萄皮中。在红葡萄酒中发现了五种不同的花青素化合物，其中主要的是二甲花翠素。它们在年轻的葡萄酒中并不稳定，但会与单宁反应形成复杂的色素，随着葡萄酒的陈酿，这些色素逐渐结合，最后变成不溶物并沉淀出来。氧在促进酚类聚合过程中具有重要作用。色素的颜色取决于葡萄汁的酸度和二氧化硫的浓度：它们在pH值较低时更红（更多的酸）下，在pH值较高时更紫。

单宁： "单宁"这个术语在化学上并不精确，但几乎所有的品酒师都使用它。它描述了一组复杂的植物化学物质，主要存在于树皮、叶子和未成熟的果实中，与蛋白质和其他植物聚合物（如多糖）形成复合物。人们认为，单宁的作用是一种植物的防御：它们具有一种涩涩的、令人厌恶的味道，对草食动物来说是不受欢迎的。在葡萄酒中，单宁来自葡萄皮、果梗和种子，它的提取在很大程度上取决于所涉及的特定的酿酒过程。

其他的单宁来自用于陈酿葡萄酒的新桶。单宁管理是酿造红葡萄酒的关键步骤。人们认为单宁尝起来涩涩的，因为它们与唾液中富含脯氨酸的蛋白质结合并会沉淀出来。它们也可能直接与口腔组织发生反应，这是第3章中讨论的主题。

醇

在考虑影响葡萄酒风味的化学物质时，我们不要忘记醇。它们是酵母在发酵过程中产生的，在大多数葡萄酒中的浓度通常为10%~15%，尽管可以低一些或高一些。它们不仅对我们的中枢神经系统有强大的作用，而且还极大地影响了葡萄酒的风味。

乙醇是葡萄酒中最重要的成分，是由酵母在糖的发酵过程中产生的。就其本身而言，它的味道不太好，但是最终葡萄酒中的乙醇浓度对其感官品质有显著影响。减少酒精含量试验中的"甜蜜点"品尝证明了这一点。如果将一款本身酒精含量高的葡萄酒通过反渗透减少酒精，则可以制备出一系列只是酒精含量不同的同一款葡萄酒样品，比如12%到18%的半度酒精度间隔。品酒师小组对其中一些葡萄酒的偏好明显高于其他葡萄酒，通常会用不同的描述词来描述样品的感官特性。过量的酒精会导致葡萄酒的苦味和涩味，它也可能尝起来"辣辣的"。希尔德加德·海曼（Hildegarde Heymann）及其同事在2013年的一项研究中研究了酒精对红葡萄酒感知的影响。他们指出，由于气候变化和市场对更多果味葡萄酒的需求，过去20年里许多葡萄酒的酒精含量都在上升。这种上升对风味带来的影响，在某些情况下可能是无意的。总体而言，酒精对味觉和口感描述的影响比对香气描述的影响更大。它可以增加苦味和涩味，但是可以抑制酸味。它还会改变对甜味的感知（使葡萄酒尝起来更甜）。

现已证明，酒精会改变许多香气化合物的溶解度，使其不太可能离开溶液，从而使葡萄酒的香气减弱。

R·S·惠顿（R. S. Whiton）和布鲁斯·佐克林（Bruce Zoecklein）在2000年进行的一项化学分析实验表明，随着酒精含量从11%上升到14%，葡萄酒典型的挥发性化合物的回收会减少。2007年，费雷拉的研究小组发现了一系列的酯类物质，这些酯类物质对一系列红葡萄酒中的浆果风味起着重要作用。但是，由于葡萄酒中

尽管许多人都认为酒精含量近来有所上升，但很少有确切的数据来支撑这一说法。标签上显示的含量并不总是完全准确。在美国，酿酒师在葡萄酒标签的回旋余地是可以比14%低1.5%，之后只有1%。欧盟允许有0.5%的回旋余地。在欧洲以外的新兴酿酒国家，酒精含量漏报率平均为0.45%，在欧洲为0.39%。因此，标签上标为14.5%的葡萄酒，酒精含量很可能接近15%。

其他成分（包括酒精）的抑制作用，在葡萄酒中添加更多的这些物质并不会增加果香。在另一项实验中，他们在与葡萄酒浓度相同的9种酯溶液中逐渐添加越来越多的乙醇。结果发现，随着酒精的增加，果香迅速下降，以至于当酒精含量达到14.5%时，果香完全被酒精掩盖了。酒精还会引起灼烧感，并增加葡萄酒的黏度。

2010年，法国研究员索菲·梅隆（Sophie Meillon）及其同事进行了一项有趣的研究，他们选择了一款澳大利亚的西拉，并将其酒精含量从原来的13.4%降至8%，同时酿造出了3款介于这两个含量之间的葡萄酒。研究人员将这些葡萄酒介绍给71名每月至少喝一次红葡萄酒的法国消费者，并测量他们对红葡萄酒的喜欢程度以及他们认为这些红葡萄酒有多复杂。酒精含量8%的西拉的受欢迎程度要低得多，但其他葡萄酒则没有显著差异。添加糖到酒精含量8%的西拉，大大增加了它的受喜爱程度。他们发现可以通过对葡萄酒的反应来细分这一人群。第一组人（18个人）最喜欢酒精含量11.5%的葡萄酒，而喜欢两种酒精含量最低的葡萄酒的人比其他组的人要少得多。第二组人明显不喜欢酒精含量分别为8%和11.5%的西拉，但他们喜欢酒精含量13.5%和加糖的8%的葡萄酒。第三组人更喜欢两种酒精含量最低的葡萄酒。消费者越不喜欢酒精含量低的葡萄酒，他们酒窖中的这种酒就越多，这是一个有趣的发现。

甘油

甘油仅次于酒精和水，是葡萄酒中含量最多的成分。它是由酵母在发酵过程中产生的，最终含量将取决于酵母的菌株、葡萄的成熟度、发酵动力学和葡萄汁中的氮源。

通常发现，在干型葡萄酒中甘油含量为4~9 g/L，而在用贵腐菌感染的葡萄酿造的甜型葡萄酒中，甘油含量有时要高得多。人们普遍认为，甘油在葡萄酒中是吸引人的，因为它会增加酒体或黏度。当然，甘油本身略带一点甜味，但是你需要在葡萄酒中加

海曼及其同事的研究表明，新鲜的果香随着酒精含量的增加而降低，并伴随着花香。同时，酒精含量的增加也增加了"木头味""胡椒味"和"化学味"。

入大量甘油，才能对黏度或口感产生真正的影响。甘油对葡萄酒品质的主要贡献是增加了轻微的甜味，这是很有吸引力的。在甜型葡萄酒中，它会超过阈值（约25 g/L），这表明甘油有必要以可检测到的方式来改变黏度。

乙醛

乙醛是通过醇（乙醇）氧化产生的。它有一种独特的苹果味和坚果味，并且是菲诺雪莉酒、曼萨尼亚雪莉酒、法国汝拉黄葡萄酒风味的重要组成部分。在红葡萄酒中，它的含量通常约为30 mg/L，在白葡萄酒中的含量为80 mg/L，在陈年雪利酒中的含量为300 mg/L。乙醛在葡萄酒中的感官阈值约为100 mg/L。

葡萄酒的缺陷

这本书可能不是着重探索迷人的葡萄酒缺陷世界，但是主要的葡萄酒缺陷类别值得一提。首先需要澄清一下。什么时候会出现缺陷？除了由于坏木塞引起的霉味外，其他的缺陷化合物也不总是引起缺陷，即使它们的含量超过阈值水平。例如，氧化通常是一个缺陷，但是葡萄酒中的氧化特性也可能是招人喜爱的。当在合适的环境下很好地进行还原反应时，它可以作为一种形成葡萄酒风格的工具来使用。在合适的环境下，与酒香酵母相关的香料味、轻微的动物味也会重新受到人们的喜欢。

木塞污染 这种霉味是由存在于一些软木塞中的真菌代谢物引起的，主要是2,4,6-三氯苯甲醚（TCA）。这几乎都是由软木塞引起的，但是在某些情况下，酒厂的木材或酒桶中会存在相关的卤代苯甲醚（TCA所属的化合物类别），会污染葡萄酒。

人们认为TCA会影响约3%的天然软木塞。有人提出，历史上的污染率更高：在20世纪90年代中期，澳大利亚发生了相当严重的软木塞污染危机。只要使用天然软木塞密封葡萄酒瓶，软木塞污染就可能一直存在。

酒香酵母 酒香酵母（Brettanomyces）是一种存在于葡萄园和酿酒厂环境中的酵母，通常将其简称为Brett。在适当的条件下，它可以在葡萄酒中生长，尤其是酒精发酵完成后。它可以利用葡萄酒中其他酵母无法利用的最后一点糖分，也可以利用葡萄酒的其他成分作为食物来生长。它会产生一系列具有感官影响的副产品，主要是乙基酚和异戊酸，使葡萄酒具有肉味、辛辣味、动物味和马汗味。许多著名的葡萄酒都含有相当高的酒香酵母。影响其风味的关键乙基苯酚是4-乙基苯酚，由于它是葡萄酒中酒香酵母的一种独特的产物，因此可用于诊断。

还原反应 这里指的是对葡萄酒来说有问题的挥发性含硫化合物，这种化合物通常在葡萄酒受到氧气的保护时产生。它们是由酵母在发酵过程中产生的，关键的挥发性含硫化合物是硫化氢，闻起来有下水道和臭鸡蛋的味道。如果它可以检测得到，这对葡萄酒来说始终是一个问题。更复杂的化合物，如二硫化物、硫醇、硫酯和二甲基硫醚也是有问题的，或者它们可能络合，这取决于它们的浓度和环境。它们为葡萄酒贡献了诸如洋葱味、煮熟的软木塞味、火柴味、烟熏味或矿物质味的特征。实际上，在霞多丽和勃艮第白葡萄酒中，一些硫醇中的匹配结构和矿物质特性颇受追捧。但是，将还原反应这样一个复杂的因素来玩弄，是一个有点危险的酿酒游戏。

氧化和挥发性酸 这是葡萄酒中两个经常同时发生的缺陷。虽然在发酵和陈酿过程中需要一些氧气，但是氧气对葡萄酒的危害很大。因此，这实际上是一个适当的氧气管理问题。近年来流行的一种概念是大量、微量和纳米氧化。在主发酵过程中，需要使用大量氧气以保持酵母正常工作，这是大量氧化。

然后，一旦酒精发酵完成，就需要保护葡萄酒免受氧气的影响，但也不能完全不要氧气。酒桶只能给葡萄酒提供一点点氧气：足以让葡萄酒发生积极的陈酿变化。然而，有些葡萄酒需氧量很少，最好放在惰性容器中，例如排除所有空气的不锈钢罐。有时，会在这个称之为微量氧化的过程中有意加入少量氧气，尤

在较低含量水平上，由酒香酵母引起的咸味（savory）特征可能会增加葡萄酒的复杂性（至少在某些葡萄酒风格中是这样）；在更高含量水平上，它们可能会让人无法忍受。除了具有这种香气影响，酒香酵母也能让葡萄酒短时间完成发酵以及引起金属味。有些人无法忍受酒香酵母，而有些人则很喜欢它。

如果在各个阶段对氧气的管理不当，葡萄酒可能会产生氧化特性，从而可能导致氧化缺陷。白葡萄酒开始散发出坚果味和苹果味，颜色变暗，呈现出"雪莉酒"的香气。红葡萄酒会失去明亮的红色或紫红色，色调变得偏向橙色和棕色，失去了果香，并且开始出现烘烤味和炖制味。在氧化的早期阶段，它们还可以散发出相当多的、果味浓郁的、苹果味的香气。

其是罐装红葡萄酒。最终，一旦葡萄酒装瓶，通过瓶盖传输的细微的氧气可以帮助葡萄酒以吸引人的方式衍变和陈酿：这就是纳米氧化。然而，伴随着这些变化，通常会产生挥发性酸，这基本上是葡萄酒由于醋酸菌的作用而变成了醋。在含量非常低时，少量的挥发性酸会使葡萄酒变得复杂，增加葡萄酒的香气。但是随着含量的增加，它会变成令人不愉快的甜味和醋味，并且常常会让人与乙酸乙酯（这是由乙酸的酯化而形成的）胶状的、指甲油的气味联系在一起。有些人比其他人更易受到挥发酸的影响。话虽如此，有些葡萄酒故意以一种氧化的方式酿造，最著名的有雪莉酒、奥罗露索（Oloroso）和阿蒙提拉多（Amontillado）、马德拉葡萄酒（Madeiras）和茶色波特酒（Tawny Ports）。

鼠臭 葡萄酒的这种缺陷正在加剧，主要是因为酿酒师希望更自然地酿造葡萄酒，从而减少了二氧化硫的使用。鼠臭是由微生物作用引起的，其化合物是2-乙酰基-3,4,5,6-四氢吡啶、2-乙酰基-1,4,5,6-四氢吡啶、2-乙基四氢吡啶和2-乙酰基-1-吡咯啉。你无法在玻璃杯中闻到这些气味，因为它们在葡萄酒的pH值下不会挥发，但是当葡萄酒在你的嘴中时，pH值会发生变化，你可以通过鼻后嗅觉闻到它们。这个气味像是老鼠笼子或老鼠尿的味道，不太好闻。

土味素 土味素具有泥土味、发霉味、甜菜根味，是一种土壤细菌产生的代谢物，因此它具有刚刚翻过的泥土的气味。土味素是在潮湿收成时，由葡萄上的真菌产生的。2011年，法国卢瓦尔河谷的许多白葡萄都表现出这种特性。

烟污染 由于在许多葡萄酒产区，丛林大火的发生率越来越高，烟污染已成为一个日益严重的问题。如果葡萄在葡萄藤上成熟，它们会吸收这种像灰一样，并且带有干燥余韵的异味。这其中的化合物之一是愈创木酚。愈创木酚在白葡萄酒中为6 µg/L，可检测得到，在红葡萄酒中为15~25 µg/L。另一个烟污染化合物是4-甲基愈创木酚，它具有一种烧焦的、辛辣的气味。

桉树异味 在桉树附近生长的葡萄具有一种独特的薄荷味和

药用特性。这是因为桉树的叶子具有一种独特气味的油，其中含有桉树醇（1,8-桉叶素）。油会蒸发，然后进入葡萄中。由于在发酵过程中葡萄皮会被浸渍，因此该特性在红葡萄酒中更强烈。在生长于桉树附近的葡萄藤中，葡萄酒中的桉叶素含量可高达每升20 μg，在红葡萄酒中的检测阈值为1.1~1.3 g/L。

研究风味化学的整体方法

新西兰长相思的研究项目提供了一个很好的例子，说明如何用一个整体的方法来研究葡萄酒的香气。它的目标之一是表征存在于长相思中的香气和风味化合物，以确定为什么新西兰（尤其是马尔堡）长相思如此独特。有什么不同呢？是因为它具有其他长相思所缺乏的香气和味道吗？还是因为它与来自其他地区的长相思共同拥有着特别高的化合物含量？劳拉·尼科劳（Laura Nicolau）和博士生弗兰克·本克维兹（Frank Benkwitz）开始使用分析化学和重构实验来回答这些问题。正如本克维兹（Benkwitz）所说，"对风味活性化合物的混合物的感知是一种复杂的人类反应，目前还无法从对单独成分的了解中预测出来。"

尼科劳和本克维兹采取了一个巧妙的、双管齐下的策略。在工作的第一部分中，本克维兹的目的是提供一个长相思化合物的列表，以评估其对整体香气的重要性。为此，他使用了一系列的分析技术，包括GC-O（气相色谱—嗅觉测定法），AEDA（香气提取物稀释分析，定量的GC-O技术）和GC-MS（气相色谱—质谱法）。那些浓度高于其阈值检测水平的化合物突出显示为显著。

接下来，他进行了一个重构实验，在该实验中，通过对一款真正的长相思葡萄酒除去香气，然后将关键的香气活性分子以与原葡萄酒相同的浓度添加回来，创建了一个"模型"长相思葡萄酒。他使用这个模型酒进行遗漏测试，研究了去除相关的化合物组或单独化合物的影响，并通过训练有素的品酒师观察其对葡萄酒感知的影响。这是一个非常雅致的实验，将葡萄酒作为一个整体来对待，摆脱了还原论方法的局限。

"我向学生教授葡萄酒的香气，我们过去常说，香气活性值较低的化合物，即浓度低于葡萄酒感知阈值的化合物并不是那么重要。但是我们做的研究越多，就越发现它们很重要，能够影响混合物中其他成分的感知。"

劳拉·尼科劳

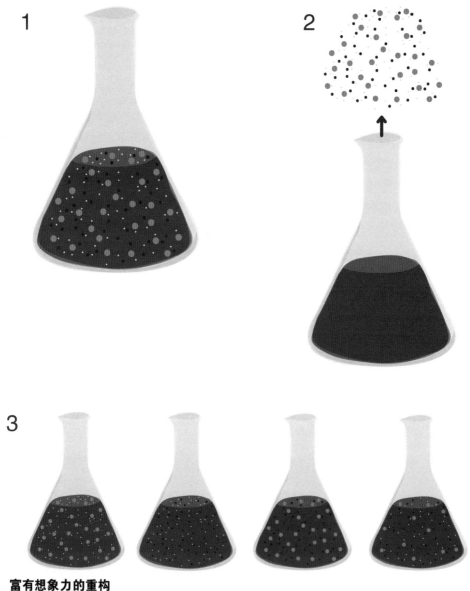

富有想象力的重构

1.取出一款混合各种风味分子的葡萄酒。

2.去除葡萄酒中的所有香气分子。

3.将其原始浓度的主要香气分子添加回来，然后单独或成组的去除特定的分子，以评估其对葡萄酒整体香气的影响。

马尔堡长相思的特点

然而，马尔堡长相思在许多方面与大多数其他长相思都明显不同。首先，它具有高含量的甲氧基吡嗪。这是一组化合物，包括2-甲氧基-3-异丁基吡嗪（MIBP；广泛称为异丁基甲氧基吡嗪）、2-异丙基-3-甲氧基吡嗪（MIPP；广泛称为异丙基甲氧基吡嗪）和2-甲氧基-3-仲丁基吡嗪（MSBP；广泛称为仲丁基甲氧基吡嗪）。其中，MIBP是马尔堡长相思中的关键甲氧基吡嗪。尽管其他的长相思也都具有高含量的甲氧基吡嗪，但是马尔堡的长相思在这方面一直都是相当高的。其次，在马尔堡长相思中，存在一组被称为多官能硫醇的化合物，其含量异常高。在长相思中，这三种硫醇特别重要：3MH、3MHA和4MMP。其中，在马尔堡长相思中发现3MH和3MHA的含量极高。在该地区各个年份的酒中，它们的含量都有很大的差异，但平均而言，马尔堡长相思的平均含量要比其他地区的葡萄酒高得多。

本研究阶段的目的是形成一个香气活性值（OAV）大于1的化合物列表。最初，定量形式的GC-O和AEDA用于鉴定目标化合物。AEDA通过记录风味稀释（FD）因子来计算可检测化合物的最大稀释度。FD值根据重要性形成一个气味分级等级表。这可以作为定义OAVs之前的一个筛选方法，此步骤需要花费更多的时间。

OAVs的计算方法是：计算出被测葡萄酒中某种香气物质的浓度，然后除以感知阈值。一个OAV为1的化合物以其感知阈值存在于葡萄酒，而一个OAV为2的化合物以其感知阈值的两倍存在。

然后，一旦形成了去除香气的葡萄酒，他们便将香气化合物添加回原来的水平。最初，他们使用添加了19种化合物的"完整"模型，但是后来仅使用OAV大于2的11种化合物的模型就足够了。所形成的模型酒与原始的葡萄酒有很大不同，但是本克维兹推测，如果校正了pH、酒精和多酚（由去除香气的过程而产生的）之间的差异，两者可能更接近。

本克维兹研究了83款不同的长相思，并确定了49种不同的香气化合物，其中许多仅以痕量存在。这项初步研究表明，所有的长相思在质量上都相似：也就是说，它们都含有相同的化合物，但是含量不同。对于独特的马尔堡风格，没有化合物是其独有的。

模型葡萄酒的实验

尼科劳解释了创建模型葡萄酒背后的想法。"对长相思去除香气，将化合物恢复到葡萄酒中已知的含量水平。然后，可以在不同的组合中去除其中一些化合物。我们可以研究一组化合物，例如去掉所有的酯，或所有的硫醇，或者一次去掉一种酯或一种硫醇。"奥克兰的植物和食品研究部感官科学小组对重新配制的葡萄酒进行了分析。她透露："长相思中的惊喜来自于萜烯。""如果你将它们取出，就会对葡萄酒的整体感觉产生巨大的影响。"

尼科劳说："酯类也有很大的影响。"在葡萄酒中发现有160多种酯类，它们是在发酵过程中产生的。它们具有果香和花香，装瓶后的第一年，其在葡萄酒中会迅速水解，而较低的pH值会加速这种水解。尼科劳说："它们具有广泛的影响，因此它们通常可以影响葡萄酒包括热带水果香在内的果香。"去除酯类物质后，大部分对葡萄酒的描述词的强度都有小幅下降，而"百香果皮、茎"和"香甜多汁的百香果"描述词的强度则大幅下降。尼科劳说："以前我们认为这是来自硫醇，但是酯类也有这个特征。"她补充说："例如，与取出萜烯相比，当你取出硫醇时会有更细微的差别。"实际上，当取出3MH、3MHA和4MMP三种硫醇时，对葡萄酒整体香气的影响并不像预期的那样显著。

描述词"燧石般的"和"百香果皮、茎"明显不那么强烈，而"辣椒味"更强烈一些。

C6化合物似乎非常重要，其中包括1-己醇、顺式和反式3-己烯醇，以及顺式和反式-2-己烯醇，它们被描述为具有"草本、草地、青草"的香气。去除这些物质会减少"热带的"以及"百香果皮、茎"之类的描述词。关键的甲氧基吡嗪MIBP被描述为具有"辣椒、植物和青草"的香气，但是它的缺失并没有改变葡萄酒中辣椒味特性的强度。唯一的显著变化是"燧石般的"的强度降低了。这是令人惊讶的，因为人们认为甲氧基吡嗪是长

当从模型酒中去除芳樟醇和α-萜品醇两种萜烯时，会有巨大的影响，发现关于"苹果味""核果"和"热带的"的描述词都有所减少。单萜的主链中有十个碳原子，包括芳樟醇、橙花醇、香叶醇、香茅醇和α-萜品醇。它们互相协同并具有令人愉悦的花香，但是单独来看，在长相思中它们通常都低于阈值水平。因此，它们如此有影响力是非常有趣的。

相思中的关键化合物，但是这个实验的结果并不支持该假设。

在最初的研究中去除了β-大马士酮（一种散发着水果味和玫瑰味的降异戊二烯），在后来的研究中，将其纳入其中，本克维兹发现β-大马士酮增强了对硫醇的感知，但是仅当β-大马士酮被去除时，只有轻微的影响。他认为β-大马士酮可能是长相思中非常重要的一种化合物。降异戊二烯是一种13碳化合物，是在果实成熟过程中被称为类胡萝卜素的化学物质降解而产生的。和β-大马士酮一样，α-紫罗兰酮和3-紫罗兰酮也很重要，具有一种紫罗兰的香气。

除了以上物质，另一种单独的影响相对较大的化合物是β-苯乙酸酯。尽管它在模型酒中的OAV值略高于1，但是如果去除它，则有显著的影响，会降低香气的整体强度，同时略微提高了"香蕉味"和"苹果味"的得分。当己酸乙酯被去除时，具有显著的影响，增加了"香蕉味""苹果味"以及"热带的"和"香甜多汁的百香果"，"百香果皮、茎"和"燧石般的"减少。

还原论的葡萄酒风味化学模型，即一次只研究一种化合物，显然已经过时了。现在正在出现一种新的、更整体的方法来理解葡萄酒的风味和香气，它有望对为什么不同葡萄酒尝起来不同提供更深入的见解。也许有一天我们可以用化学的方法来解释为什么某些著名的葡萄酒会有这样的味道。这种不断加深的了解，可能使葡萄种植者有一天生产出像小产区沙夫·艾米塔日（Chave Hermitage）或武戈伯·慕西尼（de Vogüé Musigny）的精确复制品吗？这种做法确实是可取的吗？

出乎意料的是，在重构实验中，去掉单个化合物比去掉整组相关化合物（包括该单个化合物在内）具有更大的影响。这个很难解释。例如，如果一起去除三种多官能硫醇（3MH，3MHA和4MMP），则香气特征的变化相对较小。如果单独去除4MMP或3MH，则有更大的差异。

第 5 章

风味感知的个体差异

　　个体在许多方面是不同的。我们已经习惯了对诸如身高或眼睛颜色等生理特征的看法。我们的味觉和嗅觉可能会表现出类似的变化范围，我们对这一概念感到不是那么舒服。我们对风味和香气的感知在多大程度上有所不同？这种品尝上的差异是连续的吗，还是更有趣呢？是否或多或少有离散的个体存在于不同的、共有的品尝世界中？以及不同的文化对葡萄酒有不同的体验吗？在本章中，我们将探讨个体差异的世界，以及它们对于葡萄酒品评的重要性。

葡萄酒鉴赏的两极分化

　　设想一下这样的场景：两位葡萄酒评论家走进一家提供"天然"葡萄酒的酒吧，这些葡萄酒通过自然发酵酿制而成，在酿酒过程中几乎没有任何干预。第一位是一个好斗的中年男人，他从酒保那里抢过酒单，简单地浏览了一下，然后把它递给了第二位，一个温和的但看起来很坚定的年轻女人。他说："我不相信你能喝下任何一种这样的'毒药'。""太脏了。一个十足的笑话。就像皇帝的新装。"她的眼睛向上望了一会儿，但他没有注意到这个动作，因为他正忙着在包里翻找他带来的一瓶酒。她回答说："让我挑选一些可能令你惊讶的酒。"然后她挑选了一瓶来自南非的、没有添加亚硫酸盐的天然歌海娜葡萄酒。倒入葡萄酒，杯中呈淡红色，有一种淡淡的朦胧感。她喝了一口：清新、美味，轻微的叶子味，带有可爱的、充满活力的红色樱桃味，具有保持清新的强烈酸度。她的同事皱起眉头，摇了摇头。他的结论是："单薄、瘦弱、轻薄、没有一点浓度。"他要了一些新杯子，然后倒上他带来的葡萄酒。它是紫黑色的、浓厚的，浓度很高。他们都喝了一口。他微笑着，确信自己赢了。她大摇大摆地把酒吐了出来，然后将玻璃杯稳稳地放回桌子上。

　　她的结论是"不能喝"。他回答说："但这是一款非常

好的葡萄酒。"她说："不是。橡木味、过度成熟、黏稠的质感，""它很厚重，实际上非常厚重。一款十足滑稽的葡萄酒。我喝不了那款葡萄酒。"他们两人都不愿让步，他们的意见不可能达成一致。他们离开了，彼此深信对方的品味完全是荒唐的。

超级评论家之间的分歧

这只是一个例子，但是在现实生活中，评论家可能得出完全相反的结论。2003年，法国波尔多葡萄酒产区圣艾美隆（Saint-Emilion）的柏菲酒庄（Château Pavie）酿造了一款引起评论家们两极分化的葡萄酒。尤其值得一提的是，两位世界上最著名的葡萄酒评论家杰西斯·罗宾逊（Jancis Robinson）和罗伯特·派克（Robert Parker）之间曾有过一场广为人知的争论。

罗宾逊的品尝笔记中写道："完全没有胃口的、过度成熟的香气。为什么？口感甜蜜。真的吗！最好的波特酒来自杜罗（Douro），而不是圣艾美隆。可笑的葡萄酒。它更像是一款晚收的仙粉黛葡萄酒，而不是带有令人没有食欲的绿色调的波尔多红葡萄酒。"她给这款葡萄酒打了12/20分。

在这个阶段，派克还没有公布他的葡萄酒评分，但是立即在他的公告栏进行了回击。他们之间爆发了一场文字战。当派克实际写出关于这款酒的文章时，他最初对它的评分是96/100分（在随后的品尝中，他对它的评分高达99/100分），并对它的评价如下：

"又是一次非凡的努力……混合了70%的美乐，20%的品丽珠和10%的赤霞珠，这是一款极其丰富的、具有矿物质的、有轮廓的、高贵的葡萄酒。石灰岩和黏土代表了最伟大风土之一的圣埃美隆的精髓，是2003年炎热天气的最佳选择。墨黑/紫色的轮廓，散发出矿物质、黑色和红色水果、香脂醋、甘草和烟熏味的令人兴奋的香气。它通过上颚时极其丰富，非常清新和清晰。余味单宁丰富，但是这款葡萄酒的酸度低且比普通酒精度（13.5%）高，这表明它在4~5年后仍可饮用。预期成熟为2011~2040年。这是一个辉煌的成就，它与欧颂（Ausone）和帕图斯（Petrus）一道，是2003年波尔多

对于杰西斯·罗宾逊而言，葡萄酒品质的一个重要因素似乎是它的典型性。因此，一款葡萄酒可能尝起来很诱人，但是却可能因为它的味道与人们普遍接受的圣埃美隆葡萄酒尝起来的味道不符而大打折扣。但是，她在20分中只给了12分的极低分数，这仅仅是解释为对缺乏典型性的抗议投票吗？

右岸最伟大的三大产品之一。"

他们品尝的是同样的葡萄酒吗？派克和罗宾逊都是举世闻名的葡萄酒评论家。如果他们是不合格的品酒师，他们就不可能取得他们所取得的成就，因此这不可能是这两种结论不同的解释。还有其他的解释吗？派克在互联网上的一篇评论中提到，罗宾逊个人不喜欢柏菲（Pavie）的老板杰拉德 · 佩斯（Gerard Perse）酿造的葡萄酒的风格。但是罗宾逊是盲品这种葡萄酒的。所以不可能是这个解释。另一种解释是，派克和罗宾逊在品尝时都经历了相同的风味，但是对它们的理解却有所不同。关于这两位公认的评论家之间的意见分歧，还有一个进一步解释，这就是本章的主题，品尝感知中个体差异的概念。

顺便说一句，在2006年的一次晚宴上，我对同一款2003年的柏菲进行盲品，它得了91/100分，并注意到它具有浓郁的巧克力味、烤咖啡的香气和一些非常甜的深色水果的风味，口感奔放大胆、饱满、集中，带有浓郁的橡木味，以及甜美的水果味。我

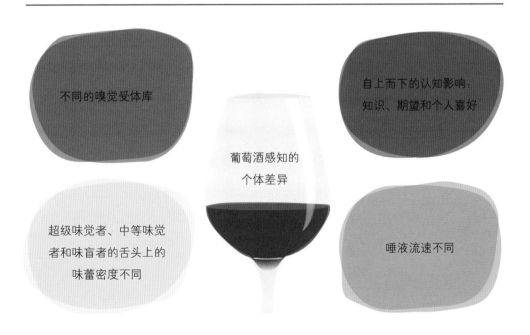

的结论是，除了略微过度的橡木味外，它的风格非常好。但是对我来说，它尝起来绝对不是波尔多葡萄酒的风味。

除了基因上相同的双胞胎外，我们都是各不相同的，这个星球上的每个人都有独特的遗传密码。没有人是完全一样的。但是，许多个体差异是连续出现的。按照身高顺序排列100个人，他们之间的差异会逐渐显现，从最矮到最高的增量相对较小。人类中的身高以及许多其他生物学特征呈正态分布而变化，在图表上呈钟形曲线，中间身高的人数很多，非常高的人和非常矮的人逐渐减少。如果你按正态分布营销一个产品，通常会瞄准大多数人所在的中间位置。

当谈到风味感知时，这种连续的差异并不是那么有趣。你可能想做一种对大多数人都具有吸引力的葡萄酒或其他的食物或饮料，选择正态分布的中间是正确的。但是，如果味觉和嗅觉存在离散差异，那么更有趣的是，你可以将人群分为多个组，每个组都有一个独特的风味世界。然后，你可以分别定位这些组，而不是使用一个产品来定位普通用户，然后将多种产品与真实世界中人们的喜好更紧密地匹配。

一些研究人员声称，人们生活在不同的品尝世界中。如果这是真实的，那将对葡萄酒品评、判断和教育产生深远的影响。

葡萄酒感知的个体差异包括三个要素。首先是我们每个人用于品尝的身体器官。我们的味蕾分布不同，在品尝某些风味的能力上也存在一些遗传差异，再加上不同种类的嗅觉受体，这意味着我们每个人可能会闻到不同的东西。另外，我们的唾液流速会影响葡萄酒的口感，并且我们的唾液分泌量也有所不同。其次，我们对风味有不同的经历。正如我们在前几章中已经讨论的那样，我们学习以客体识别气味，并且学习将味觉与嗅觉联系起来，以及将这些感觉与其他感觉（例如视觉）相联系。最后，我们的品酒体验有一个自上而下的认知输入：我们的知识、期望和个人喜好会影响我们的感知，并且肯定会在我们形成对葡萄酒的评价中发挥作用。在本章中，我们将梳理这些问题，并明确这些个体差异的重要性。

新西兰认知心理学家温迪·帕尔（Wendy Parr）警告研究人

员，不要在不存在共识的地方看到共识："研究表明，涉及味觉和嗅觉的感知对葡萄酒品评很重要，与视觉、听觉和三叉神经刺激的感知相比，人类味觉和嗅觉的感知更加多样化。因此，那些试图在概念上和语言上使品尝者保持一致，通常努力使感官数据与葡萄酒化学成分一致，或者为了限制其他原因造成的变化而形成的人为方法论，就现实世界的葡萄酒品评现象而言，不太可能得到有效的数据。如果想要达到一定程度的共识，则可以通过选择品尝任务和葡萄酒评估环境以最大程度实现这一点。尽管如此，基于认知心理学方法和理论的研究表明，在品酒师内部和品酒师之间达成共识是一种理想，而不是现实。"

超级味觉者、味盲者和热味觉者

1994年，当我作为一名科学编辑工作时，我参加了一个会议，该会议是我们组织基于味觉和嗅觉传导的分子基础而召开的。

其中一位演讲者是心理物理学家琳达·巴托舒克（Linda Bartoshuk），她当时是耶鲁大学的外科教授。在她的演讲中，巴托舒克分发了小块吸水纸，这些纸是在一种叫作丙硫氧

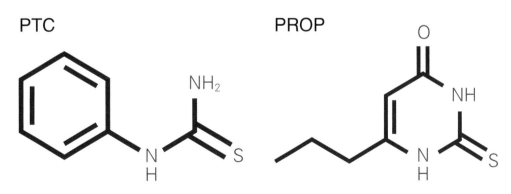

PTC和PROP的结构

人们对PTC和PROP分子的感知能力差异很大。未来有关PTC和PROP味觉者级别的工作可能会对葡萄酒品评界产生重大的影响。

1931年，一位名叫亚瑟·福克斯的化学家忙于在实验室中工作，当时他正在合成的一种能飘到空中的化学物质，这种物质是苯硫脲（PTC）。尽管他尝不出PTC的味道，但是和他一起工作的同事却发现它非常苦。他发现苦味感知的变化原来是遗传的。如今，研究人员使用的丙硫氧嘧啶（PROP）与PTC密切相关，但使用更安全。

嘧啶（PROP）的化学物质中浸泡过的，她让我们将吸水纸放在舌头上。1/4的人什么也没尝到，1/2的人觉得味道很苦，其余的人则感到极其不愉快、强烈的苦味。我们发现了所谓的PROP品尝状态。

巴托舒克解释说，PROP及其化学亲缘化合物含有一种刺激膜中特定苦味受体的分子。PROP的味盲者携带两个隐性等位基因，该基因最近发现位于7号染色体，味觉者携带一个或两个等位基因。巴托舒克说："我的实验室发现，味觉者之间的差异很大：味蕾最多的人被称为超级味觉者，而味蕾较少的人被称为中等味觉者。""超级味觉者生活在一个霓虹闪烁的品味世界；对他们来说，味觉感受的强度大约是味盲者的3倍。"但是，受这些基因差异影响的不仅仅是味觉。她补充说："由于味蕾被带有口腔灼热/疼痛的神经纤维所包围，因此，超级味觉者能从酒精等刺激中感受到更多的口腔灼热感，并且超级味觉者也会感受到更强烈的口腔触感。"葡萄酒的单宁结构是通过触觉感知的，所以这是高度相关的。

巴托舒克继续说道："也许品评葡萄酒产生的感官体验中最重要的属性是鼻后嗅觉。当我们从外界闻到气味时，这称为鼻腔嗅觉。当我们把东西放在嘴里时，咀嚼和吞咽会将挥发性物质从上颚后面吸到鼻腔里，这就是鼻后嗅觉。"超级味觉者似乎能感觉到更强烈的鼻后嗅觉，这可能是因为他们感觉到了更强烈的口腔感觉。

PROP味觉者级别一直是葡萄酒界非常感兴趣的一个话题，因为它是一种遗传变异，会影响我们品尝葡萄酒的方式。当然还有更多其他的原因。PROP敏感性的形式可归因于编码一个名为TAS2R38味觉受体基因的基因突变。它有两种形式：PAV（脯氨酸—丙氨酸—缬氨酸）和AVI（丙氨酸—缬氨酸—异亮氨酸）。如果有两个PAVs，则你是一个超级味觉者；如果有两个AVIs，则你是一个味盲者，如果PAV和AVI各有一个，则你是一个中等味觉者。

研究还表明，超级味觉者舌头上的蕈状乳突（其中含有味蕾）的浓度更高。

PROP味觉者级别究竟只是由于TAS2R38的突变，还是舌头上的味蕾数量也有重要影响？很难看出这两者之间有什么联系。最近的研究表明，味蕾密度与TAS2R38基因型之间没有相关性，这在一定程度上让人们对PROP的研究产生疑惑。PROP味觉者级别对其他风味感知的可推广性如何？巴托舒克将超级味觉者称为生活在"霓虹闪烁"的品味世界中，但是对PROP和PTC的品尝失败，是否更像是一种特定的味觉局部或全部丧失（舌头的品尝功能丧失），或者仅仅是丧失了品尝某组化合物的能力？

在没有PROP测试条的帮助下，确定是否为超级味觉者的一种方法是在舌头上涂蓝色食用色素，并计算肉眼可见的乳突数量。乳突更多的人也将有更多的鼓索和三叉神经纤维。这可以解释PROP超级味觉者总体上增强的味觉敏感性。

PROP味觉者级别的使用

加拿大安大略省布鲁克大学（Brock University）的加里·皮克林（Gary Pickering）研究了葡萄酒品评和PROP味觉者级别。他解释说："PROP品尝的所有变化并不都归因于TAS2R38，"

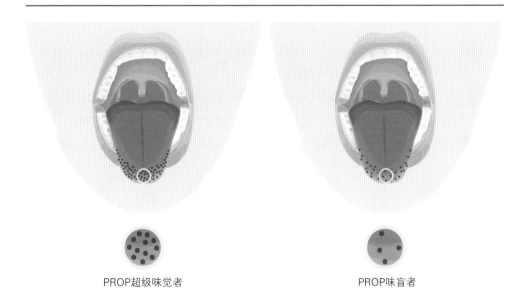

PROP超级味觉者   PROP味盲者

PROP 超级味觉者测试

舌头上染成的蓝色多少可以看出PROP超级味觉者的乳突密度高低。

同时也强调了大部分是这样的。

皮克林说，味觉素是味蕾的一种生长因子，一些研究表明，它与PROP味觉者级别有关。这可以解释为什么超级味觉者的舌头上会有更多的乳突。皮克林说："关于PROP味觉者级别的有趣之处在于，它对包括葡萄酒感知在内的普遍的品尝敏感性具有一定的预测价值。"这对品酒师了解他们的PROP味觉者级别是否有用？他答道："我想是的，""但是……同行评审的科学文献才是真理所在。"

在一项研究中，皮克林及其同事研究了331名葡萄酒饮用者，并将其分为专家组（111名）和消费者组（220名）。确定了所有人的PROP味觉者级别，结果表明，葡萄酒专家对PROP的苦味敏感度高于消费者。研究小组得出结论，人们可能会根据自己的感觉能力自行选择从事葡萄酒行业：如果你对风味更敏感，则更有可能成为一名葡萄酒专业人士。在另一项研究中，他们研究了1010名美国葡萄酒消费者，考察选定因素对14款不同风格葡萄酒的个人喜好和消费的影响。这些因素包括经验因素（他们的葡萄酒专业知识）、心理因素（他们对含酒精饮料的冒险性）和生物学因素（他们的年龄、性别和PROP的反应能力）。在统计检验的基础上，他们根据对葡萄酒的喜好将这些消费者分成三个不同的群体，并假设这些消费者群体可以代表真实的细分市场。这三组分别是"红葡萄酒爱好者""喜欢干型葡萄酒并且不喜欢甜型葡萄酒的人"和"甜型葡萄酒爱好者"。这些群体在关键的人口统计指标上有所不同，包括性别、年龄、家庭收入、教育程度，以及葡萄酒专业知识和PROP的反应能力。然后，他们将研究范围扩大，将葡萄酒分为五类：干型、起泡型、强化型、甜型和葡萄酒饮料，以确认影响葡萄酒喜好和消费的因素。葡萄酒专业知识是最重要的因素，但是PROP的反应能力和含酒精饮料的冒险性也很重要，年龄和性别都没有影响。

2000年，阿尔贝托·克鲁兹（Alberto Cruz）和巴里·格林（Barry Green）发现了一种新的味觉敏感性：热味。这是舌头遇

热或遇冷时产生的味觉"幻象"，多达40%的人都经历过这种情况，因此是热味觉者（TTs）。

在TTs中，温度变化通常会产生一种金属味。有一个一致的发现，当舌尖遇冷后变暖时，舌尖会感觉到甜味，当舌尖遇冷时，会感觉到酸味或咸味。据报道，TTs对味觉和一些三叉神经刺激（嘴巴中的触觉）的反应增强，有显示，TT状态和PROP味觉者级别是彼此独立的。

特异性嗅觉缺失："嗅盲"

我们约有400个嗅觉受体基因，其中大多数对不止一种的气味分子有反应。但是，也有一些因单个基因突变而导致特异性嗅觉丧失（嗅觉的丧失或损害）的例子。最著名的是OR7D4基因。这个基因编码一种嗅觉受体蛋白，使我们能够觉察到雄烯酮，这是由猪

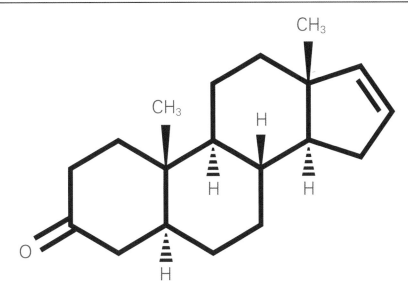

雄烯酮的结构

雄烯酮是由猪产生的一种有臭味的甾体化合物，闻到它的人会将其描述为汗味、尿味和麝香味。根据人们所拥有的**OR7D4**基因类型，有人认为雄烯酮是令人不愉快的，有人认为是甜的，还有人根本闻不到。

非洲人往往觉得雄烯酮的气味令人讨厌。雄烯酮在未阉割的雄性猪的猪肉中的含量很高，他们觉得这种肉的味道不好。可能存在进化压力，使人们丧失对雄烯酮的嗅闻能力，因为这样做会使食用猪肉更加美味，使养猪成为一种更加可接受的行为。

产生的一种有臭味的甾体化合物。根据人们所拥有的OR7D4基因类型，有人认为雄烯酮是令人不愉快的，有人认为是甜的，有人闻不到这种气味。总体上，40%~50%的人根本闻不到这种气味。

2015年，由卡拉·胡佛（Kara Hoover）领导的阿拉斯加研究小组，对来自世界各地不同人群的2200人的OR7D4基因序列进行了研究，发现有证据表明，该基因受到了进化选择的影响。但是这里有一个有趣的转折。首先，对雄烯酮的不敏感会在青春期发生变化，尤其是男性。其次，嗅觉能力可以通过接触来诱导，这对于一个具有很强的遗传因素的特性来说是非常令人惊讶的。这是怎么进行的呢？研究表明，那些无法闻到雄烯酮的人也许仍然能够无意识地觉察到它，并且这在某种程度上引发了敏感性，可能通过影响能够觉察到雄烯酮的嗅觉受体的数量，从而在察觉到雄烯酮后产生更多的嗅觉受体。

与葡萄酒高度相关的特异性嗅觉缺失的一个例子是莎草薁酮。2007年，澳大利亚葡萄酒研究所的科学家们发现，在一些用西拉葡萄品种酿造的葡萄酒中，"黑胡椒"香气就是由这种分子产生的。从专业上讲，莎草薁酮是一种双环倍半萜。除了使葡萄酒尝起来有胡椒味外，它还能产生类似香草和香料（包括胡椒粒）的香气和风味。它在微量浓度下可被觉察的到。值得注意的是，1/5的人根本闻不到这种气味。因此，在澳大利亚的调查中，尽管他们用于感官分析的大多数专业小组成员可以在水中8 ng/L的微量浓度中觉察到莎草薁酮，但其中20%的小组成员在4000 ng/L时未能觉察到它。

芫荽，也称香菜，是一种绿色草本植物，广泛使用于东方烹饪中。有些人喜欢它，有些人讨厌它。不喜欢它的人说，他们觉得它刺鼻又滑腻。现在认为，尽管我们说的是香菜的"味道"，这种偏好也是由于嗅觉感知上的一种差异引起的。

我们每个人都有不同的嗅觉受体亚群，但奇怪的是，没有更多的关于特异性嗅觉缺失的例子。一种解释可能是由于我们探测气味的方式不同：它是通过模式识别来实现的，大多数单一气味被不止一种类型的受体识别，而每种受体类型通常识别一种以上的气味。在第7章中，我们讨论如何通过经验来识别气味"客体"，将几个甚至数百个不同的气味分子的组合识别为一种单一的气味。特异性嗅觉缺失的存在，特别是当其涉及诸如莎草薁酮之类的葡萄酒风味化合物时，与葡萄酒品尝和评论的实践有很大的相关性。具体来说，在莎草薁酮中，有一种具有胡椒味的化合物，这种胡椒味在许多西拉葡萄酒中都是非常重要的特征，然而有20%的品尝者感觉不到。

想象一下，一场葡萄酒秀上有两位评委，其中一位能够感知到莎草薁酮，而一位却无法感知。对于第一位评委而言，可能是一款精美的胡椒味西拉葡萄酒，对第二名评委来说可能是另一款完全不同的葡萄酒。

葡萄酒品评的文化和年龄差异

在第6章中，我们讨论了在风味体验中学习的重要性。如果香气和风味体现的是大脑中的客体的理论是正确的，那么学习在形成我们所识别的每一个风味和香气客体中起着至关重要的作用。因此，来自不同文化背景的人会以不同的视角看待葡萄酒，因为他们的大脑中可能编码了不同类的香气和风味客体。

但是，作为成年人，我们大多数人都是第一次接触葡萄酒。在此之前，我们缺少一种称为"葡萄酒"的风味客体，或者不同种类葡萄酒的一组风味客体。因此，无论我们的文化背景如何，我们所有人都必须通过学习来构建这些客体。在继续体验新葡萄酒的时候，我们可能会形成新的客体并完善现有的客体。这在成年期的起步较晚，将抵消文化差异的某些影响，否则文化差异可能会相当明显。

个体差异的另一个来源是年龄。随着年龄的增长，嗅觉通常会以一种非特定的方式衰退。也就是说，我们逐渐失去对所有气味的敏感性，而不仅仅是某些气味。这种衰退是渐进的，通常不会引起人们注意。有一个好消息，特别是对于专业品酒师而言，与年龄有关的嗅觉衰退并不普遍，一些80岁的人可以和年轻人一样嗅闻。但是其他人，嗅觉几乎丧失了。

那么嗅觉专长的本质是什么？进一步说，天生的、有天赋的品酒师真的存在吗？我们常见的例如体育或音乐等其他领域的

我们这些打算以品酒为生的人，想必希望保持住我们的嗅觉，尽管有一些著名的品酒师在声称自己已经丧失大部分的嗅觉之后仍然具有影响力。

熟练的表演者，这些看起来似乎有非凡天赋的人，结合适当的培训，就可以证明自己具有一种高超的表现能力。嗅觉也和这相似吗？是否可以训练某人成为一位专业的嗅闻者或品酒师？

一般来说，人们对高水平技能的获取很感兴趣。我们许多人都怀着敬畏之心观看顶级体育明星的表演。但是这些明星的能力是天生的还是后天造就的呢？安德斯·埃里克森（Anders Ericsson）教授及其同事研究了小提琴演奏家，并发表了一篇著名的论文《刻意实践在获得专业表现中的作用》（*The Role of Deliberate Practice in the Acquisition of Expert Performance*）（1993年）。

埃里克森的结论是，造就完美不是天生的能力，而是实践。

"我们的文明一直以来都推崇杰出的人，他们在体育、艺术和科学方面的表现远远优于其他人。对这些人具有非凡能力和表现的原因的推测和其成就的最初记录一样古老。早期的记载通常将这些人的杰出表现归因于神圣的干预，例如星象或他们体内器官的影响，或是特殊的天赋。随着科学的进步，这些解释越来越难以接受。当代的说法认为，表现优异的特征是与生俱来的，并且是可遗传传递的。"

在这项研究中，所有的小提琴手都是在5岁左右开始演奏的。到8岁时，练习时间开始出现差异，这种差异一直持续到20岁，此时精英表演者的投入时间为10000小时，而非精英表演者的投入时间为4000小时。比如，在5000小时的练习中，没有出现超级天才的表演者，这表明没有人有如此多的天赋，以至于他们不需要像同龄人那样多的实践就可以达到天才的水平。埃里克森及其同事还将这一讨论范围扩大到其他领域的有才华的人，例如下棋、长跑，甚至科学，并得出类似的广泛结论。这些天赋异禀的人之所以能成功，并不是因为在遗传学上有些运气，而是因为他们进行了大量的定向实践。

但是，难道只有那些最有天赋的人才能通过他们的实践得到足够的回报，以致于他们如此努力地工作吗？埃里克森评论

加拿大记者马尔科姆·格拉德威尔在其著作《异类》（*Outliers*）（2008）的一章中推广了"熟能生巧"的观点，即成功需要10000小时的实践。10000小时的"定律"现在已经在流行文化中根深蒂固。

说："与普遍的'天才'观点（该观点认为实践和经验上的差异不能说明专业表现的差异）相反，我们已经证明，在控制适当的发育差异（年龄）的情况下，特定类型活动（刻意实践）的量与广泛的表现（包括专业水平的表现）始终相关。"

这一结论与社会上的普遍观点有些冲突。大多数人会认为，为了培养一名天才，重要的是要发现早期的先天差异，然后对那些看起来有天赋的孩子进行集中训练。根据这种观点，早期的天赋是提升专业成就水平所需实践的保证。但是，埃里克森强调努力的重要性：

"我们同意，专业表现在质量上不同于普通表现，甚至专业表演者所具有的特征和能力在质量上也不同于普通人或至少不在普通人的范围内。"然而，我们否认这些差异是不可改变的，也就是说，否认这是由于天赋所致。只有少数例外，尤其是身高，是由基因决定的。相反，我们认为，"专业表演者与正常人之间的差异，反映了他们为提高在某一特定领域的表现而进行毕生的努力。"

对10000小时定律的反驳

10000小时定律的观点确实是非常平等的。试想一下：只要有足够的刻意实践，我们都能实现目标，我们的孩子也都能成为天才。这听起来很有吸引力，但是埃里克森的论文却遭到了抨击。在2014年的荟萃分析（一项研究中结合了一个主题中所有已发表证据）中，布鲁克·麦克纳马拉（Brooke Macnamara）及其同事发现，刻意实践对在各个领域取得卓越成就的贡献要弱得多。

"就所解释的表现差异百分比而言，刻意实践对游戏（26%）、音乐（21%）和体育（18%）的影响很强，而对教育（4%）和职业（低于1%，无统计学意义）则弱得多。为什么对教育和职业的影响范围要小得多？有一种可能性是，在这些领域中，刻意实践的定义不太明确。也可能是，在一些研究中，参与者在学习前的专业知识量（例如，参加学术课程或获得工作之前的领域知识量）不同，因此，他们需要刻意的实践量才能达到既定的表现

除了诸如身高之类的不可更改的因素外，优秀运动员的许多生理特征都可以通过训练来形成。埃里克森及其同事认为，如果你让一个孩子接受适当的训练，你就能培养出非凡的天才。当然，这里的一个因素必须是孩子愿意坚持这种方式。

水平。"

在许多方面，这比10000小时定律更符合现实。以职业运动，尤其是足球为例。在职业足球运动员的队伍中，"天才"级别的世界级球员屈指可数。如果给年轻的足球运动员10000小时定向训练，那就足以能培养一个天才，然而事实并非如此。

有可能具有超强的嗅觉吗？

让我们回到我们感兴趣的主题：气味，进而拓展为一名有天赋的品酒师的能力（鉴于气味代表了葡萄酒感官空间的最大比例）。帕特里克·聚斯金德（Patrick Süskind）在其小说《香水》（*Perfume*）（1985）中探讨了这样一个观点：有些人的嗅觉可能会大大增强。他的故事发生在18世纪的法国，当时香水被广泛用于抵消城市生活的恶臭。主角吉恩·巴蒂斯特·格雷诺耶（Jean-Baptiste Grenouille）出身贫寒，但他拥有非凡的天赋：他的嗅觉比任何人都好。在一次偶然的机会遇到一位失败的香水大师后，格雷诺耶找到了他的职业，创造美妙的香水。但是他知道他缺少一种神奇的成分，为了找到它，他开始了一场可怕的、残忍的探寻。这部小说探讨了一些有趣的问题。首先，对于我们大多数人来说，嗅觉是不精确的，而且某种程度上是不完全的。这种感觉能够以一种非常直接和原始的方式与我们的情绪进行交流，但是奇怪地是，在很多时候，它被忽视了。有一个整体的嗅觉世界，这对我们人类来说是几乎无法企及的。可能有些人拥有那个世界，这是一个非常有趣的想法。

神经病学家兼作家奥利弗·萨克斯（Oliver Sacks）在《错把妻子当帽子》（*The Man Who Mistook His Wife for a Hat*）（1998）一书中讲述了一个现实生活中格林诺耶的真实故事。一名22岁的医学生斯蒂芬·D（Stephen D.）曾尝试过精神药物。在一个生动的梦境中，斯蒂芬把自己视为一只狗，进入了一个难以想象的丰富而浓郁的气味世界。当他醒来时，他有了一个难以置信的变化。他不仅可以看到增强色（"在我刚才看到的棕色中，我可以分辨出几十种

足球运动很赚钱，顶级球星备受追捧。因此，发展年轻的天才是优先考虑的，因为如果你挖掘了一位年轻的天才，然后将他们带入一线团队，您将拥有宝贵的财富。因此，所有俱乐部基于挖掘天才年轻足球运动员，都有一个缜密的球探系统。然而，流失率非常高。年轻球员被招募到足球学校，但很少有人成为职业球员。

棕色"），他的嗅觉也极大地增强了。

他经历了从通常所说的基本感觉到一种更高层次感觉的提升："走进一家香水店。我的鼻子以前从来闻不到气味，但是现在能立刻分辨出每一种气味，然后我发现每一种气味都是独一无二、令人回味的，这是一个全新的世界。"史蒂芬发现，他仅仅可以根据气味就将他的朋友们区分开来，可以这样区分他的病人们。"我走进诊所，像狗一样嗅一嗅，在看到他们之前，通过嗅闻就辨认出诊所里的20名病人。每个人都有自己的嗅觉面孔，一张嗅觉面孔比任何看得见的面孔都更生动、更能引起回忆、充满联想。"这种能力只持续了大约3个星期。萨克斯报告说，16年后这种能力还是没有回来，史蒂芬偶尔也会怀念这个失去了的增强型嗅觉世界。

这个引人注目的记述提出了一些有趣的问题。我们的大脑是否有意地限制了我们的嗅觉感知范围？史蒂芬的案例表明，我们的嗅觉可能比自己所体验到的嗅觉强大得多。正如我在第2章中所提到的那样，我们往往低估了自己的嗅觉能力，因为我们进行了错误的比较。我们经常将自己与狗比较，在使用气味嗅探环境方面，狗显然生活在一个与我们截然不同的世界中。有一段时间，斯蒂芬体验到了这种像狗一样的嗅觉，这是一个对我们关闭的世界。他的事例表明，大脑可能以某种方式，在嗅上皮和感知嗅觉的意识体验之间的某个地方限制了我们的嗅觉世界。潜伏在我们体内的是一种潜在的、更强大的感觉，这种感觉在进化过程中被削弱了。在第2章中，我们看到了性吸引力是如何通过气味来调节的，我们选择伴侣的部分想法是基于其气味，而我们几乎没有意识到，如果有的话，这是非常令人着迷的。

萨克斯还讲述了一个男人因为头部受伤而失去嗅觉的故事。嗅觉神经突起穿过颅骨的筛状板部分时，其受到剪切力是很常见的。虽然我们认为自己可以很好地应对嗅觉缺失，但与其他感觉相比，这是一个巨大的损失。失去嗅觉对这个男人的巨大影响使其大吃一惊。"嗅觉？我从来没有想过这个问题，但是当我失去

我们的嗅觉是非常强有力的，但是与狗的嗅觉不同。它是通过进化而形成的，以适应我们的需求。它不仅是探测和避免危险的一种手段，而且还是选择、享用、鉴赏食物和饮料的一种极其敏感的工具。此外，借助香水和香气，我们可以营造一种具有情感意义的氛围。

它时，就像失明了一样。生活失去了很多乐趣，人们没有意识到气味中有多少'味道'……我的整个世界变得极其不幸。"

几个月后，他开始嗅闻咖啡。他试了试烟斗，闻到了自己喜欢的一些香气。他对有望恢复嗅觉感到兴奋，于是去看医生，但医生告诉他，他的嗅觉依旧没有恢复。相反，正是嗅觉意象的出现使其产生了这些嗅觉，这让他误以为自己真的闻到了气味。稍后我们将回到嗅觉意象这个话题。

品酒新手和品酒专家有何不同？

乔迪·巴莱斯特（Jordi Ballester）是法国第戎市勃艮第大学（the University of Bourgogne）葡萄酒和葡萄园学院（the Institut Universitaire de la Vigne et du Vin）的研究员。他研究了专家与新手在葡萄酒品评中有何不同。他说："新手基本上使用自下而上的流程。""这意味着他们从样本本身获取了大部分信息，因为除了情感享乐判断外，他们几乎没有什么可以品尝的信息。""情感享乐判断"基本上是决定你对某物的喜欢程度，而这是新手、未经训练的葡萄酒饮用者在品酒中所关注的信息。

那么，专家们的表现之所以有所改善，在很大程度上是因为他们的认知能力提高了，还是因为他们的感知能力有所改善——要么是天生如此，要么是他们努力改善了感知能力？巴莱斯特说："就探测（敏感性）而言，专家对酒精或单宁的感知并不比新手敏感。""他们没有比新手更好的嗅觉装置。然而，索菲·坦佩雷（Sophie Tempere）及其同事最近发现，训练可以稍微降低检测阈值，因此这最有可能使专家受益。"他补充说："专家在辨别任务中的能力略好于新手，但这没什么特别的。"

巴莱斯特证实："专家的优势主要在于他们认知能力的提高，例如，根据他们的知识，专注于与给定品尝相关的属性的能力。"

新西兰心理学家温迪·帕尔表示："关于经验/专业知识的敏感性变化的文献很少，特别是在嗅觉方面。但是我认为，根据

乔迪·巴莱斯特提出，专家拥有的理论知识有助于品酒，但如果这些知识引发了错误的期望，则可能会成为一个陷阱。他说："专家通常遵循一种品酒方法，他们知道如何利用来自玻璃杯中的信号，他们知道温度的影响，液体和空气之间的交换面的影响，他们甚至可能有一个自己舌头的敏感图，知道自己的PROP级别，等等。"

迄今为止的研究，人们通常认为，这是基于经验上的认知变化，如感知、记忆和决策/判断等过程，在许多领域（包括葡萄酒）中"专家"表现的贡献最大，而敏感性的任何变化（也就是说，通过探测水平或辨别能力衡量的感觉现象）都很小。"帕尔认为，某领域特定知识的分类及存储的高阶认知过程在这里尤为重要。

帕尔主要研究对长相思的感知，他认为专业人士和新手以不同的方式认识葡萄酒：

"我们最近做了一项非常认知化的研究。我们给研究对象一张很大的A1纸，上面写着大约70个有关长相思的描述语，这些描述语来自我们之前的研究。我们要求研究对象以一种层次结构描绘非常典型的长相思画像，就像树状图一样。每个人都在一张背面粘着的单独的纸上写。我们的研究对象是一组葡萄酒消费者和一组葡萄酒专业人士，并要求他们坐下来思考。他们进行了两次实验：研究对象完全凭记忆（例如，要求他们想一个马尔堡长相思的好例子）绘制这些画像。"他们在两周后返回，我们给他们三款长相思，这三款葡萄酒在之前的实验中被认为是非常典型的。他们品尝了这些葡萄酒，然后绘制画像。因此，这是一个感知条件，而不是一个概念条件（凭记忆进行）。结果显示了一些有趣的差异。有些人对长相思有广泛的画像，其他的则更多是线性的。"

这两个独立实验背后的思想是，第一个条件，即所谓的"语义"条件，依赖于记忆和语言技能自上而下的认知过程。第二个是"感知"条件，在这种条件下，葡萄酒品尝与分类任务同时进行：这是一个自下而上的体验过程。所提出的三个问题是：第一，专家和新手会以相同的方式使用相同的描述语吗？第二，专业知识会影响语义条件和感知条件下的再现性吗？第三，这两组是否都展示出了长相思的共同的属性？

结果表明，专家们根据自己对典型的新西兰长相思的认知描述，来对长相思的特性进行分类，而新手们的描述则不一致。专家们对新西兰长相思有一个更强的潜在认知概念，从而形成了更强的层次树。他们之间也更加一致：这种更高的组内一致性表

"在长期记忆中有效地存储葡萄酒的感官和理论知识（分为相互关联的类别），显然是葡萄酒品评的一项财富。这使专家可以积极搜索葡萄酒可能同时出现的特定属性。与仅筛选一款给定葡萄酒的所有特征（可能会遗漏某些东西）相比，这种策略更有效。即使输入的信号几乎相同，感知在某种程度上也会受到知识和期望的影响。"

乔迪·巴莱斯特

专家需要确保他们的知识不会阻止其品尝玻璃杯中实际的东西。乔迪·巴莱斯特说："语言非常重要。有效的沟通比所听到的好的葡萄酒笔记更重要。我让学生玩交流的游戏，以使他们了解葡萄酒品评的难度。"

明了长相思知识的共同概念化。专家和新手在其层次描述中使用了不同的级别，具有更强的上级节点。也就是说，长相思最顶层的描述语更重要。由此，帕尔得出结论，专家们在判断葡萄酒时使用了自上而下的过程，包括所有专家共同的标准。对于新手来说，他们的描述似乎是由下而上的过程驱动的，并且是基于葡萄酒的味道。巴莱斯特强调，在品尝过程中，理论知识不应该掩盖自下而上的过程。

心理意象的作用

在本章的前面，我们看到了一个通过想象来体验幻想气味的嗅觉缺失者的案例。索菲·坦佩雷（Sophie Tempere）及其同事研究了这种与葡萄酒品尝有关的心理意象。他们让新手、大学葡萄酒酿造学的学生（中级）和葡萄酒专家以图片的形式反复想象气味。对他们的嗅觉能力、敏感度和识别能力在这项心理训练前后进行了比较。就像反复接触气味一样，气味的反复想象能够增强嗅觉表现，提高对气味的辨别和探测。但是，这种能力仅在专家身上有所提高，并且对于想象的实际气味而言，这种能力是特定的，而不是一般的。研究人员建议，嗅觉心理意象可以作为一种训练策略。

我们已经研究出了葡萄酒感知中个体间差异的理论基础。那么在实际情况中呢？与这些关于个体差异的研究相一致的是那些利用大量消费者进行感官研究的公司的经验。简·罗比查德（Jane Robichaud）在评估人们对葡萄酒的感官知觉方面具有丰富的经验。

她是一位训练有素的酿酒师和感官科学家，是著名的葡萄酒香气轮盘的作者之一，在加入美国Tragon公司之前，她曾在加利福尼亚葡萄酒生产商贝灵哲工作。罗比查德在Tragon的工作是"产品优化"过程的一部分，在该过程中，定量的消费者感官研究为酿酒师提供了实用的信息，可以帮助他们生产"消费者定义"的葡萄酒。

专家与新手

使用认知方法：记忆加气味，心理表征

提高了探测和命名气味的能力

花费更长的时间，更善于辨别葡萄酒的香气

专家

具有探测和命名气味的能力

花费的时间更少，但辨别葡萄酒香气的能力更差

新手

了解葡萄酒消费者的喜好

在Tragon工作的"优化阶段"，通常会招募150名至200名或者更多的"目标"消费者。罗比查德说："我们发现人们的思维方式完全不同，以至于他们喜欢不同的事物。以咖啡为例，有些人喜欢强烈的、黑色的、浓郁的咖啡，有些人喜欢中度的、有咖啡味的咖啡，有些人喜欢棕色的水一样的咖啡。"罗比查德解释说，有可能找到离散的"喜好分区"，这意味着消费者群体对特定的属性组合，表现出相似和不同的喜好。

罗比查德总结说："大约有30％的人群不是很好的测试对象。"这似乎与PROP敏感性研究相吻合（见P114），但是罗比查德认为PROP级别并不是一个非常有用的量度。"我们在贝灵哲进行了一些PROP测试，但效果不佳：它与谁是一个很好的苦味品尝者无关。"这里的问题似乎是，有许多结构完全不同的化合物会引起苦味，PROP只是其中之一。罗比查德认为，大约1/3的人似乎一点也不觉得葡萄酒有苦味。

韦斯·皮尔森（Wes Pearson）是澳大利亚葡萄酒研究所（AWRI）的高级感官科学家，他同意个体之间的差异非常重要。他说："在我们的一些工作中，我们试图将这种影响最小化，而在另一些工作中，我们将利用它带给我们的优势。"AWRI有一个外部描述性分析小组，在研究所做了许多感官方面的工作，对于这个小组，他想要最小化个体间的差异。他说："我们使用多达15人的一大组人来做这件事，从而使个人敏感性在筛选时显现出来。在完成数据收集阶段后，我们将进行小组表现评估，该阶段将评估每个小组成员的能力：第一，辨别样本；第二，与小组平均值的偏离；第三，重复性，他们通常看到的所有样本都是一式三份。通过这个，我们可以了解小组成员可以看到什么，看不到什么，以及谁对什么敏感。"除了这个小组之外，AWRI还有一个不同的内部小组，由酿酒师或葡萄酒展览评委组成，这个较小的小组用于解决有潜在问题的商业葡萄酒。这是一种更经济且

Tragon招募公众成员，并为他们开展一个为期两天的感官分析课程。品尝者不必是鉴赏家，但他们必须是擅长了解群体动态的葡萄消费者。一般来说，他们中70％的人通过这项课程，而30％的人会退出。这个训练有素的小组的工作是提出描述性语言，将用其描述所检测的葡萄酒。

较快速的评估问题的方法，无需使用昂贵的分析技术或使用全部小组人员。皮尔森说："在主持这个小组多年之后，我知道谁对什么敏感。因此，当某些评委说他们看到葡萄酒某种不足或缺陷时，我知道可以相信他们的评估，因为我自己知道，他们识别葡萄酒属性或特征的水平线低于其他评委。"

AWRI还使用PROP测试来筛选其描述性分析小组的成员，但是皮尔森知道其局限性："我喜欢PROP，因为它易于使用，而且有一个相当好的筛选结果。但这不是我要准备的东西。我们对苦味受体了解得越多，就越能看出基因在其中扮演的重要角色，也就越不能依赖PROP作为一种有效的筛选工具。"

对于研究优质葡萄酒的人而言，这些结果说明一款葡萄酒并没有"唯一的真理"。虽然很多优质葡萄酒的质量，只能通过经验和学习来鉴赏（这是几乎所有人都能进入的领域），但是特异性嗅觉缺失（anosmias）和味觉缺失（aguesias）的存在意味着，从最基本的层面上来讲，同一款葡萄酒对所有人来讲不是相同的。我们确实生活在不同的品味世界中。我们可以学着喜欢那些最初很难发现的风味，但是在某种程度上，我们的生物学差异也会影响审美决策的风格和平衡。虽然我们可能达成广泛的共识，但正是由于这些细微的差异（在葡萄酒鉴赏中如此重要），以至于我们会发现自己意见不一。

"一旦他们完成了最初的PROP测试，我们就不会继续使用这种化合物对他们进行测试。我们不仅寻找PROP的"超级品尝者"，而且如果只要他们能尝到一些苦味，我们通常会感到满意，但是如果他们根本无法尝到苦味，那他们将会被我们的描述性分析小组拒之门外。"

韦斯·皮尔森

第 6 章

为什么我们喜欢自己酿造的葡萄酒

在所有感官体验中，正是食物和饮料让我们最清楚地看到了他人的喜好。一些餐厅提供数十种菜肴和数百种葡萄酒。这在某种程度上满足了用餐者的情绪（没有人一直都想吃或喝同样的东西），但这也反映了个人的好恶。特别有趣的是，这些喜好不是静态的，而是随时间变化的。我们品味成熟了，我们就有能力发展出新的喜好——即使是那些最初尝起来让我们不愉快的东西。这与葡萄酒品评高度相关，本章将探讨我们的喜好是如何形成的，以及为什么在什么是好东西和什么是讨厌的东西上没有普遍的共识。

我们的风味喜好来自何处？

风味喜好的话题很复杂，众所周知，从个人经验来看，风味喜好是随着时间而变化的。不久前，在葡萄牙北部的一次葡萄酒新闻发布会上，有人给我了一些埃什特雷拉山乳酪（Queijo Serra da Estrela），这是一种备受推崇的高山绵羊奶酪。它的皮很硬，下面是一团柔软、黏稠、发臭的奶酪。我从不喜欢奶酪，但是那一刻，我决定尝一尝，希望通过咬紧牙关，可能会对其产生兴趣。现在我爱上了奶酪。我仍然不喜欢一些特别臭的、特别刺鼻的、令人流鼻涕的奶酪（尽管我会尝试它们），但是仅根据做出我喜欢的决定，然后以开放的心态和灵敏的口感尝试不同类型的东西，我已经开发出了对奶酪的兴趣。这个故事说明，最初讨厌的味道也是很有可能喜欢上的。相反，我一直对黄油有恐惧感，我可以用它来做饭，但如果我看到它涂在面包或吐司上，我就不会吃了，尽管我想我可能会喜欢它的味道。这表明除了风味之外，人们不喜欢某种食物的原因可能不只是因为它的味道。每个人的风味喜好都是先天与后天共同影响的，并会随着时间而改变。

我们生来就喜欢甜味。甜味是富含能量的食物的好向导，人类进化过程中，甜味的水果是一种重要的能量来源。人的母乳也

很甜，所以很自然地，我们应该从一出生开始就喜欢这种味道。另一种从一开始就伴随我们的味道是鲜味，即谷氨酸的味道，它是蛋白质存在的信号。帕玛森芝士（Parmesan cheese）和西红柿等食物中的鲜味含量很高。新生儿更喜欢添加了一些味精（一种人造鲜味的来源）的蔬菜汤。有趣的是，母亲的饮食会影响其孩子以后的饮食偏好，因为胎儿从母亲的饮食中摄取低含量的某些化合物。其对盐的喜爱是在六个月以后开始的，并在成年后会增加。一旦童年过后，我们会强烈地喜欢盐，当我们身体需要盐时，我们会更喜欢它。

　　食品和饮料中的酸味以及饮料中的碳酸化都是后天形成的味道。在进化过程中，只有当发生某些微生物活动时（通常承载它们的食物是有益的），我们才会碰到这些味道，因而我们对它们没有天生的喜爱。苦味是一种令人厌恶的味道，因为许多潜在的

口味随着成长而变化

婴儿通常不喜欢盐、苦味和酸味，但是作为成年人，我们可以逐渐喜欢上它们。我们的口味似乎具有相当大的可塑性，并且有一些持久的口味。

苦味食物也是有毒的。孩子们应该厌恶那些可能有害的味道，这是有道理的，但是在成年后，当我们从其他人的经验（甚至是从我们自己的经验）中了解到苦味、酸味或碳酸味的食物是可以接受的时候，我们就获得了这些食物的味道。我们获得口味的能力开辟了潜在的新食物来源，但是，探索未知饮食食物是有风险的。

有些人比其他人更有可能尝试新食物。我记得当我们还是孩子的时候，有一个叔叔和我们住在一起。他的饮食选择非常有限，大部分时间都是单独为他准备一顿饭：一块肉，一些土豆，一些煮蔬菜，其余的人正常吃饭，因为我们无法靠这样乏味的饮食生存，即使是在很短的一段时间。那些害怕新食物的人，术语上被称为"恐新症"，这是可以遗传的。大约四分之一的成年人患有中度至重度的恐新症。

学着爱葡萄酒

我记得我第一次对葡萄酒产生兴趣的时候是二十出头，住在伦敦的沃灵顿。在附近，有一个独立的葡萄酒商，名叫"酒屋"（The Wine House），这是我早期对葡萄酒的大部分美好体验的来源。当你是一位没有经验的葡萄酒饮用者时，你会爱上一些葡萄酒，但随后你会发现很难解释为什么喜欢它，也很难说出是什么让它脱颖而出的。有几款葡萄酒吸引了我，让我迫不及待地想要再次感受这种体验。其中一款是来自西澳大利亚1985年的森林山（Forest Hill）西拉葡萄酒。我发现我对它的风味无法抗拒。特别是因为它有一种光滑、圆润的口感，就像丝绸一样。但是我知道这款酒已经卖完了，所以我去酒屋去寻找类似的葡萄酒。我说："我想要一款红葡萄酒，具有甜甜的水果味，不含单宁。"对方诚实地回答："您确定您不是要果汁吗？"现在看来这似乎很奇怪，但这就是当时吸引我的口味。

还有一次，一位朋友带着一款来自法国北罗纳河的克罗兹·埃米塔日（Crozes Hermitage）葡萄酒来赴宴。

这是一款很臭的老式葡萄酒，具有很多的动物味、肉味，

食物的选择非常个性化。很少有餐厅不提供广泛的菜单选项。我们喜欢吃不同的东西，并选择适合我们心情的食物。还有酒单，它们长而多样是有原因的。显然，我们在风味中的鉴赏就是一种选择。

现在我可以确定这是由酒香酵母造成的，它是一种有争议的"流氓"酵母，可能是一个缺陷，但在某些情况下也会增加葡萄酒的复杂性。我一点也不喜欢这种酒。

现在，面对同样的酒，我可能会有不同的看法。即使我不一定喜欢酒香酵母的风味，但是它们在某些葡萄酒的环境中也能发挥作用，我也不会本能地觉得它们令人反感。在我尝过成千上万种葡萄酒之后，如果我现在再喝那瓶酒，我还会用以前那种方式来体验它吗？还是说我关于它的体验会有所不同？如果是前者，我现在又怎么可能会喜欢上我曾经讨厌的葡萄酒呢？这进一步引出了两个问题。我们可以将喜好与质量判断分开吗？还是喜欢本身就是实际感知的一部分？

风味的功能

也许风味的主要功能是引导我们选择美味的食物。当然，气味本身也能起到警示信号的作用：它可以提醒我们注意火灾等危险，也阻止我们待在可能患病的环境中，例如露天厕所。而且，正如我们在第2章中所讨论的那样，气味在选择伴侣时可能起着一定的作用。气味在评估潜在食物来源的适口性方面也起着至关重要的作用——我们经常在食用食物之前先闻一闻，尤其是肉类和奶制品。但是食物的气味和风味也具有奖励价值。我们从吃喝中得到了很多乐趣。

当我们考虑调节食物摄入的能力时，风味奖励的功能变得更加复杂。我们许多人很容易就能买得起并吃得下过量的食物。如果我们对自己的摄入量判断错误，每天有较小偏差地过少或过多地摄入我们身体所需的食物，那么久而久之，我们就会面临饥饿或肥胖的风险。有些人最终确实吃得太少或太多，但许多人似乎保持了相当正确的摄入量。事实上，值得注意的是，即使肥胖是一个日益严重的健康危机，社会上也没有多少肥胖者，考虑到高热量、负担得起的食物的供应量，肥胖的人数却很少。

很显然，我们的味觉引导我们走向正确的食物，当我们消费

寻找食物总是需要努力。因此，如果我们要付出巨大的努力（并且，在过去需要冒着风险）去寻找食物，就必须要有强烈的动力。对风味体验的期待以及可能消除饥饿感，促使我们做出了这样的努力。进化总是向我们提供了风味，作为"贿赂"使我们得以进食，这样我们才能生存下来，并把我们的基因传递下去。

它们的时候就获得了奖励，并且还会通过摄入量来调节。这些都与葡萄酒品评高度相关。

从进化的角度来看，能够获得风味有着明显的价值，饮食上的冒险也是如此。在我们的进化史上，我们必须小心避免有毒的食物，但是如果不对食物选择进行过多的限制，我们也会从中受益。许多植物都是有毒的，因此视觉、嗅觉、记忆和情感之间的联系非常重要。我们通过视觉识别潜在的食物来源。当我们将它们放入嘴里时，我们会闻到它们的气味。我们会记得品尝它们时以及之后的感受。如果它们让我们感到不适，这些感觉的联系将有助于我们避免重复经历。如果它们尝起来不错并且没有让我们感到不适，那么一切都很好。但是，如果它们尝起来不好吃，并且没有让我们感到不适呢？如果我们能从这种食物中获得味道，我们会受益匪浅。此外，如果我们和我们的亲人能够接受这种食

我们的品味是可适应的

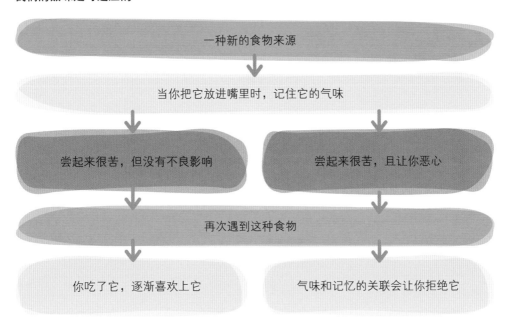

一种新的食物来源

当你把它放进嘴里时，记住它的气味

尝起来很苦，但没有不良影响

尝起来很苦，且让你恶心

再次遇到这种食物

你吃了它，逐渐喜欢上它

气味和记忆的关联会让你拒绝它

物，而其他人不能接受，那么我们将拥有更多的食物。因此，进化总是驱使我们鉴赏后天（非先天的）的品味。

这个因素在葡萄酒品评中非常适用，因为葡萄酒中的许多风味最初都是令人反感的。然而，只要坚持不懈，我们就会爱上它们。

我们刚刚讨论了，只要这些食物和饮料无害，并且含有一些营养成分，这对我们能够获得最初觉得不愉快的食物的味道可能会有用。但是，我们究竟如何获得这些味道呢？每个人似乎都喜欢某些东西，但喜欢上其他的味道需要时间来培养，并非每个人都以相同的方式培养它们。

风味似乎是与生俱来的，每个人都喜欢，但往往会被忽视。那些真正吸引人并使之着迷的风味，往往在最初是相当具有挑战性的，必须后天学习/体验才能获得。葡萄酒品评也是如此，就像品尝其他风味一样。有些葡萄酒似乎每个人都喜欢，通常被称为"大众喜爱的葡萄酒"。大众喜爱的葡萄酒往往带有一点甜味，并且缺乏酸度和单宁的特点。它们的风味来自甜美的水果。这种葡萄酒都是葡萄酒爱好者们所鄙视的，而葡萄酒品评家们也很难对它们做出任何正面的评价。这就提出了后天的品味和乐趣的问题。大多数人第一次喝可乐时，觉得可乐的味道很吸引人。它是甜的，但有酸味和气泡来抵消甜味，尤其是冷藏时。但是很少有人会沉迷于可乐，或者愿意为此花很多钱，或者会和朋友们讨论喝可乐的体验。

获得风味的过程

现在想想那些风味浓郁的奶酪、正统的咖啡或精酿啤酒，这些都是需要一些条件才能获得的风味。起初，你可能不喜欢这些味道。有些人在第一次品尝时发现它们的味道是如此令人反感，所以就再也不尝这些东西了。但是一旦获得了这种风味，它们就会成为所有风味中最持久的。好葡萄酒就属于这一类。看看世界上好的葡萄酒的味道，新手常常想知道这些葡萄酒有什么值得大惊小怪的。陈年葡萄酒具有复杂的风味，只有在职业生涯中，葡萄酒饮用者才会开始真正欣赏它。只有当这种风味难以获得时，鉴赏家才会围绕着它们讨论。奶酪、咖啡、啤酒和葡萄酒中的怪味比任何容易鉴赏的食物或饮料都要多得多。

我请伦敦哲学研究所感官研究中心的负责人巴里·史密斯（Barry Smith）来回答个人品味，以及两个人在品评时有何不同的问题。"有一种糟糕的论点是，你品尝葡萄酒，我品尝相同的葡萄酒；你喜欢它，但我不喜欢它，因此你对我说，你的品尝方式与我的品尝方式不同。如果是以相同的方式品尝的，你会发现它很可爱并且很喜欢它。但是为什么会这样呢？它可能尝起来完全一样，但是你喜欢那种风味，而我不喜欢。"因此，这里缺少一个步骤。我们可以将享乐主义（我们有多喜欢某样东西）与感知分开吗？"是的，原则上我们可以这么做。"史密斯说，"哲学家可能感兴趣的是，喜欢是否是品尝的一个固有部分。是不是每当品尝某样东西的时候，你都无法将其味道与你是否喜欢它分开？也就是说，如果你喜欢它，它尝起来将与你不喜欢它时尝起来的味道不同。作为一名哲学家，我对这种分开很感兴趣。如果你不能将它们分开，你怎么获得某种东西的味道呢？"

显然，我们的品味不是一成不变的。享乐主义很有趣，但这并不是全部。你是否喜欢某样东西会随着时间而改变，并且是不稳定的，但是感知会随着时间的推移保持稳定吗？史密斯继续他的论点："假设我不喜欢某些东西。当第一次品尝酒精或啤酒时，你不喜欢它。然后过了一段时间你真的喜欢上了它。对你来说，它现在尝起来和以前一样吗？有人说："不，我当时不喜欢它，如果现在喜欢，它尝起来一定有所不同。或者，如果前后的味道尝起来完全一样，我喜好的变化该如何解释呢？与它的味道无关吗？只是我有点变化吗？这些需要有所解释。这有点自相矛盾。"

我怀疑它的味道几乎一样，史密斯也同意，并指出他自己也有过这样的经历。

"当我是还是个品酒新手时，我品尝了很多很棒的勃艮第白

希腊哲学家赫拉克利特指出，人不能两次踏入同一条河流。这是因为你第二次这样做时，河流已经有所不同，你也会有所不同，因为你第一次踏入的经历会使你略有改变。任何关于风味获得的研究都必须承认这一观察结果。

葡萄酒，我认为这就是白葡萄酒的典型代表。我记得我读到过，孔德里约（Condrieu）是世界上最好的白葡萄酒之一。所以我赶紧出去，买这款昂贵的孔德里约，把它放进冰箱准备好，我非常兴奋。然后我打开它，但是我确实不喜欢它。这让我很惊讶。我想：为什么人们喜欢这样的葡萄酒？我对自己的失望不亚于对其他任何事情。然后，我和一位在葡萄酒方面更有经验的人进行交谈。

他们说："你不喜欢那种苦杏仁味吗？你不喜欢它的滑腻感吗？"我突然在脑海中回想起来，这正是它的味道。它油腻腻的，具有这种苦杏仁的特征。我想：是的，我不喜欢。他们说："这和咸味海鲜很配。"我突然可以将所有这些东西一起放进我的脑海里。在不改变我对它品尝记忆的情况下，我想再试一次。现在凭着这些描述和这种期望，我以那样的方式想想这款葡萄酒，我发现我爱这款葡萄酒，现在它是我最爱的葡萄酒之一。"

史密斯对这种喜好变化的解释是，当他再次品尝这瓶葡萄酒时，新的信息——对孔德里约的期待——会引导他的注意力。他将其比作：这是体验整个交响乐而不是聆听其某个特定元素。

"这里有一件事：我喜欢它吗？不，我不喜欢。然后，我的注意力转向了杏仁的风味、淡淡的苦味，转向葡萄酒的醇厚和滑腻感。现在，我意识到了这些，我开始理解这些风味是什么以及为什么它们会在一起，并且这完全改变了我对这款葡萄酒的体验。它尝起来和以前一样吗？是的，是一样的。但是我体验这种风味的方式是不同的，因为有些东西以不同的方式将我的注意力引向了这款葡萄酒。"

史密斯强调了把喜好和感知分开的重要性："我能专注于它的风味而不是我是否喜欢它吗？我能把喜欢放在一边吗？有人说不能：风味和喜欢一体化的。但是埃德蒙·罗尔斯（Edmund Rolls）的工作（史密斯指的是华威大学埃德蒙·罗尔斯教授的脑成像工作，他之前在牛津大学工作过）向我们展示了大脑是分别处理喜欢和识别两个过程的。感知是在脑岛、室内脑岛和眼窝前额皮质中发生的，喜欢是在伏隔核中发生的。除此之外，他在感官特有的饱腹感方面也有很好的研究。我给你一块巧克力，你喜欢它。我再给你一块，你还喜欢它。最后你会说，"我不想再要巧克力了"，但我说实验必须继续下去。你最终会讨厌巧克力。

但是，如果我给你一个不同品牌的巧克力，你会像那样再次注意到这个品牌的巧克力。这意味着，即使享乐主义有所不同，你仍然在关注风味的特性。我认为这是一个非常好的结果，"因为这表明，即使享乐主义不断变化，区别相同或不同仍然是大脑工作的一部分。"

激发兴趣的震动音符

史密斯引用了罗尔斯与费边·格拉本霍斯特（Fabian Grabenhorst）发表的一篇有关识别气味的论文。这篇论文比较了人

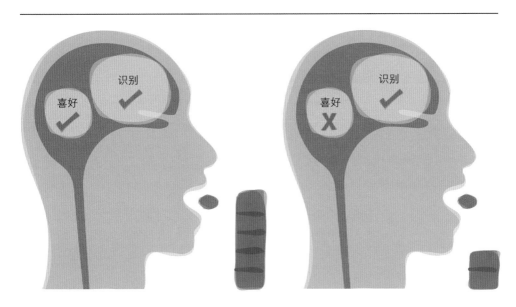

喜好和识别

大脑中喜好和识别的过程是分开的，即使对一种风味的喜好发生变化，我们也会继续识别它。例如，如果吃了很多的巧克力，我们可能不想再吃另一块了，但我们仍然能够轻松地识别这种风味。

巴里·史密斯问，为什么酿酒师酿酒时通常只混入其他葡萄品种的一小部分。"5%的品丽珠或小味尔多如何发挥作用呢？如果你的系统准备好识别100%的赤霞珠，如果得到了100%的赤霞珠，它会说'那又怎样'。但是，如果得到的东西仅仅有一点儿改变或不同，我想这会激发你的兴趣。你的嗅觉系统会告诉你，这里有一些不错或有趣的东西。这也许可以解释为什么混酿中这些小比例的品种很重要。"

们对天然茉莉和人工合成茉莉的反应。人造茉莉比天然茉莉便宜很多，并且人造茉莉只含有茉莉关键挥发性分子的部分。"人造茉莉足以让大脑说，好吧，我有基本的风格，那就是茉莉花，"史密斯说，"如果给受试者人造茉莉和天然茉莉，他们能分辨出它们吗？不，他们不能。两种气味闻起来一样。

现在你对他们说：必须选择，你必须选择一个，而不是认为两个一样。你更喜欢哪个？他们说，它们是一样的。不，必须选择。他们选择了天然茉莉。为什么？因为天然茉莉中含有2%的吲哚。"吲哚本身具有一种难闻的气味，2%的气味足以令人厌恶，所以大脑要处理一种积极的和消极的混合气味。"然而其中2%的吲哚似乎引起了我们对其他香气的兴趣。它会产生一种对比效果，"史密斯解释道，"它给嗅觉系统提供了一种对比：这是从一种香气到另一种香气一个突然的变化，让你非常清楚这些积极的气味。因此，美好中伴随着一点点肮脏可能会激起人们的兴趣。"史密斯将此应用于葡萄酒。"精心酿制的、柔滑的、完美处理的葡萄酒令人感到无聊。你想要一些古怪的东西，恰恰有一些对比，更会激起你的兴趣。"

嗅觉对变化很敏感

史密斯怀疑这可能是因为嗅觉方式与视觉完全不同。他问："你的嗅觉是干什么的？最重要的是注意到变化。通过视觉，你会有一个连续的感知场景。重要的是，视觉始终为你充实这个世界。如果没有任何变化，嗅觉似乎就会停止。这就是为什么你注意不到自己家的气味的原因。但是，如果你突然闻到垃圾味或烟味，说明你的嗅觉系统启动了。你的嗅觉系统是这样的：保持一切不变，如果发生任何新变化，请告诉我。我认为这是真的，如果你喝了很多葡萄酒，然后有人在里面放了一些额外的东西，这一定会让你受益。"

我们对气味的鉴赏会随着时间而改变。在嗅觉中，有一个非常有趣的现象，称为"纯粹接触效应"。当反复接触某物时，我们对它的喜爱就会增加，这被认为在获得喜好方面非常重要。纯粹接触的一个例子是在人际关系中，你会发现一个人在反复接触中，会更让人喜欢。社会心理学家罗伯特·扎琼克（Robert Zajonc）首次在视觉方面广泛研究了这种现象。他向人们快速连续地展示了许多新奇的图片，每张图片仅显示几分之一秒。随后，研究人员向同一批人展示了一系列图片，其中包括他们之前看到过的图片，以及其他之前未看到过的图片。由于每个实验的图片接触时间都很短，因此他们无法可靠地说出，哪些图片他们之前看过，哪些图片之前没有看到过。但是，当让他们挑选自己最喜欢的图片时，即使熟悉程度没有增加，他们对那些经常出现的图片的喜爱程度也增加了。人们最喜欢他们看到过的图片，尽管他们不记得哪些图片看到过，哪些没看到过。这一观察结果表明，有时我们可能会在没有思考的情况下，无意识地做出喜欢的决定。然后，在做出决定之后，我们会用自己的思维来合理化解释我们所做出的决定。

纯粹接触在气味方面也有研究。但是很难做好实验，因为很难找到完全新奇的气味。但是，我们可以设计实验来解决这个问题：我们喜欢的气味是因为它们熟悉吗？该领域最有趣的研究之一是西尔文·德尔普兰克（Sylvain Delplanque）及其同事在2015年开展的一项研究。他们给了参与者几种气味，并要求其对每种气味的愉悦性、强度和熟悉程度进行评价。他们发现，中性和温和宜人的气味的愉悦性等级增加：这些气味与纯粹接触效应有关。但是，不愉悦和非常愉悦的气味仍然不受接触频率的影响。对于非常好的气味和令人讨厌的气味，似乎仅仅接触是不起作用的。对此，一种解释是，我们已经喜欢好闻的气味，因此反复接触并不能使我们更喜欢它，而讨厌的气味之所以讨厌，是因为我们理应发现它们是令人反感的。这种不愉悦具有生存价值，例如，如果我们逐渐喜欢人类粪便的气味，这将是一件坏事情。

约翰·普雷斯科特（John Prescott）及其同事也进行了一项有趣的气味纯粹接触研究，与葡萄酒品评高度相关。他们的假设是，注意力可能是气味纯粹接触的一个重要因素。在一项识别任

有一种气味具有生存价值，但是，它在不同情况下，可能是好事，也可能是坏事：例如烟味。我们对烟味非常敏感，但是，在一片森林中闻到烟味（警告我们要迅速离开）和在洞穴（我们做饭并保暖，需要靠近烟味的源头）中闻到烟味有很大的区别。

丁香酚是一种在牙科手术中经常遇到的气味，这是联想学习的一个例子。一项研究表明，丁香酚能使害怕牙医的人产生恐惧情绪，而不害怕牙医的人则不会产生这种情绪。这可能与我们的葡萄酒喜好相类似。我们第一次接触一款葡萄酒时可能是在度假，或者是参观酿酒厂。如果这种葡萄酒的风味足够独特，我们可能会因为联想学习而反复被它的气味所吸引。

务中，他们选择不同的气味作为目标（一组会引起受试者对其注意的气味），或者作为非目标（受试者的注意力不会被其吸引）；相反，所有气味都均匀地暴露于受试者。

只有在接触目标气味后，喜好才会增加。研究小组得出结论，积极的注意力很可能是接触效应的一个重要决定因素。这如何适用于葡萄酒？如果纯粹接触效应意味着，只有在我们注意某些气味时，才会更喜欢它们，那么这就表明，那些在葡萄酒中寻找某种香气的人（例如，试图分析性研究香气的专家），将会开始更喜欢这些香气。如果普雷斯科特及其同事的观点是对的，那么人们将只会更喜欢他们积极寻找的葡萄酒香气的成分。这可能强化了拥有葡萄酒词汇的重要性。纯粹接触对那些不加思索就饮用葡萄酒的人可能没有任何影响。

联想学习

心理学中还有另一个与葡萄酒有关的有趣概念：联想学习。这是指通过经验将一个事件或事物与另一个事件或事物联系在一起。联想学习在我们的生活中至关重要。在某种程度上，我们对特定气味的喜爱是由于这种气味与最初接触该气味的情感环境之间一种习得的联想而形成的。首先，我们将情感与气味联系起来；后来，仅气味就可以激发我们初次接触该气味时的情感。

学习在风味感知中很重要。正如第1章所述，我们将甜味和相应的香气联系在一起，以至于尽管闻不到"甜味"，我们也认为草莓的香气是甜的。除了味觉到嗅觉的学习外，还存在嗅觉到嗅觉的学习。当两种气味组合在一起并反复闻到时，其中一种气味引起另一种气味的特性，就会发生这种情况。在不同的典型饮食文化习惯中，这种学习过程也有所不同，因此，嗅觉和味觉之间习得的联想也是不同的。这些学习的形式可能会在葡萄酒鉴赏中发挥重要作用，而在葡萄酒鉴赏中，特定的气味和味道会同时出现在不同葡萄酒的风味中。

在第3章中，我讨论了一篇神经经济学领域的著名研究论文。在这篇论文中，功能性磁共振成像可以展现出，人们获得关于某款葡萄酒的信息可以改变其对葡萄酒的实际感知，并且能够发现人们对该款葡萄酒的愉悦程度。

通过改变受试者对其所喝葡萄酒价格的理解，研究小组改变了他们对同一款葡萄酒的大脑反应。当受试者得知葡萄酒的价格较高时，大脑中感受愉悦的部分会更加活跃。价格不仅影响感知质量，而且似乎通过改变感知体验的性质来影响葡萄酒的实际质量。结果表明，我们的期望会改变我们的饮酒体验。

2003年，克里斯蒂娜·克莱亚（Christelle Chrea）及其同事研究了文化因素对人们感知气味和对其分类之间联系的影响。在一项实验中，法国、越南和美国的参与者对几种日常生活中他们所闻到的气味进行评分，然后根据气味的相似性对其进行分类。这三个国家的人对花香、甜味、臭味和自然味这四种气味的分类方式各不相同。但是他们同意将其分为愉悦性、可食用性和表面可接受性三组。在第二项实验中，他们只对水果和花朵的气味进行分类，以查看是否存在更高层次的共识。法国和美国参与者将水果味与花香分开，但是越南参与者不能将其分开。这种差异可能是由于对气味感知的文化差异造成的。

在所有文化中，气味都被认为与情绪紧密相关。好闻的气味使人感觉良好，不好闻的气味使人产生消极情绪。气味对情绪刺激的思维和行为有一种类似的影响，甚至会引起生理参数的变化，例如心率或皮肤电导。在唤醒长期被遗忘的记忆方面，气味也起着作用。2009年，西尔文·德尔普兰克及其同事发表了一项研究，试图对我们用来描述由气味引起的情绪效应的词汇进行分类。他们的研究结果表明，气味引起的感觉或体验是围绕着六个维度的一小部分构成的，这些维度反映了嗅觉在幸福感、社交互动、危险预防、兴奋或放松的感觉以及情绪记忆有意识的回忆中的作用。

1998年，有一项研究探讨了日本和德国参与者关于气味分类的话题，向他们展示了六种不同的气味，分别来自日本、欧洲和其他国家，并要求他们对气味的强度、熟悉程度、愉悦性和可食用性进行评分，还要求他们描述与这些气味的联系，并说出它们的名字。两组人在所有测试中都存在显著差异，但是组内的人相当一致。

媒体喜欢这样的观点：葡萄酒贸易是一场由那些品尝葡萄酒时或多或少胡编乱造的人精心策划的一种骗局。葡萄酒行业之外的人认为，专家们无法区分出廉价葡萄酒和昂贵葡萄酒之间的区别，这种想法非常有趣。

绝大多数人认为，任何花一小笔钱买一瓶上等葡萄酒的人都会遭到某种骗局。皇帝确实没有穿衣服吗？我想，我们也觉得这个想法比较可靠：我们认为，如果专家无法分辨出差异，那么我们也分辨不出，因此，没有必要花很多钱买昂贵的葡萄酒。

然后是第1章中提到的弗雷德里克·布罗歇特的实验，他让专业人士嗅闻一款白葡萄酒，然后几周后让他们嗅闻一款染成红色的白葡萄酒。他们对葡萄酒的描述完全不同，即使它们闻起来是一样的，只是因为颜色变化。人们在品尝葡萄酒时似乎很容易受影响。如果被告知葡萄酒更昂贵，他们不仅会报告说更喜欢这款葡萄酒，而且他们的大脑看起来很活跃，这表明在潜意识层面上，他们确实更喜欢这款葡萄酒。

葡萄酒品评的专业知识只是一种幻觉吗？

显然，任何接受严格的盲品考试（例如，侍酒师或葡萄酒大师考试）的人，都相信葡萄酒品评的专业知识。那些通过这些考试的人的表现表明，成为一名具有相当高水平的专家品酒师是有可能的。那么这些研究表明了什么？首先，我想说的是，对于我们中那些专业从事葡萄酒相关工作的人来说，我们需要表现出一点谦逊。如果不这样做，当我们盲品时，现实很有可能会强迫我们谦卑。但是我认为，许多品酒师的糟糕表现并没有使整个葡萄酒品评的基础受到质疑。在任何一种情况下，只需要几名品酒师（实际上，只有一个就可以）就可以准确地盲品，以确认这种技能的存在。他们的表现验证了整个品酒过程。例如，没有人只是因为一位新手在奥古斯塔国家高尔夫球赛中表现不佳就会嘲笑高尔夫运动。

比如说，我们谈论来自两个相邻葡萄园的葡萄酒的风土。事实上几乎没有人在盲品时能从葡萄酒中辨认出葡萄园，如果只有一个品酒师能做到这一点，那么这种差异是真实存在的，因此很重要。

让我们考虑一下另一种情况。在一家葡萄酒店里，一对夫妇从好的年份中选择了一瓶优质的波尔多葡萄酒。在他们离开之

几年前，罗伯特·霍奇森（统计学家，小型酿酒师，加利福尼亚州菲尔德布鲁克酿酒厂的所有者）分析了加利福尼亚州葡萄酒展的结果。令人惊讶的是，他的葡萄酒在不同的展览中取得了不同的成功，他说服组织者让他分析了四年来葡萄酒评审过程中的数据。他的结论是令人惊讶的：评审结果与偶然获得的结果相差无几，而且许多评委几乎都是随机作出评判。

前，他们盲品了相同的葡萄酒，另外还喝了一款非常便宜的葡萄酒。他们无法分辨出两款葡萄酒的差异，但是仍然购买了昂贵的葡萄酒。他们浪费钱了吗？我认为没有。只要葡萄酒之间存在差异，并且专家能够识别出这些差异，葡萄酒饮用者就会满怀信心地购买葡萄酒。随着时间的推移，他们可能会领会到这些差异。目前，他们购买的是一款正品葡萄酒。我们可以讨论一下，是什么使一款葡萄酒的质量高于另一款，以及由谁来决定什么是"优质"葡萄酒，但是就目前而言，可以肯定地说，葡萄酒专业知识并不是虚幻的，即使它很复杂并且很难，很少有品酒师（如果有的话）一直都在正确地运用这些知识。

最后，我们来谈谈葡萄酒美学。市场上有很多非常优质的葡萄酒，它们来自不同的葡萄酒生产国，酿造的风格各异。谁决定一款葡萄酒比另一款更好呢？这一决定显然是在市场上做出的：葡萄酒的价格有一个广泛的差异。专家通常认为，有些葡萄酒很好，有些则不然。出于这个原因，对葡萄酒美学的研究引起了人们的兴趣，但是长期以来，人们一直没有将饮用葡萄酒作为美学体验。18世纪晚期，富有影响力的德国哲学家伊曼努尔·康德（Immanuel Kant）声称，葡萄酒的乐趣是具有特异性的，任何对葡萄酒的判断都只是个人喜好。

西密歇根大学的哲学教授约翰·迪尔沃思（John Dilworth）曾就这个话题写过一篇文章。他比较了他所称的"想象力"和"分析性"葡萄酒体验。大多数人将葡萄酒鉴赏视为一种分析性活动，专家会仔细分辨葡萄酒的各种感官品质。迪尔沃思提出，这种准科学的方法存在严重缺陷，他坚持认为，为了鉴赏葡萄酒，我们需要具有葡萄酒的想象力以及分析性经验。他认为，葡萄酒鉴赏不同于同样富有想象力元素的艺术鉴赏，它具有一种高度个性化的即兴元素。

最初，我们的感官能力之所以进化是因为它们帮助我们生存。迪尔沃思认为，葡萄酒品评在追求快乐的过程中利用了这些能力："最初，人类的愉悦感、吸引力和享受是作为增强生存能

康德认为，由于葡萄酒被摄入，所以观察者一定不会无动于衷，这是一种真正的审美体验的必要条件。他认为味觉和嗅觉更多的是主观的而不是客观的："从葡萄酒中获得的感觉更多地是一种享受表现，而不是一种对外部客体的认知。"

力的行为而进化的……但是一旦有了相关的认知和情感机制，它们就可以在娱乐、艺术活动和玩耍中重复利用，简而言之，就是娱乐。"

迪尔沃思用艺术作类比。艺术实现的意义是富有想象力的或具象的，而不是字面的或真实的。我们在聆听一段震撼有力的音乐时所感受到的情感，"事实上，没有独立于一个敏感听众的即时体验。"即使没有明显的方式将两者联系起来，将音乐体验与听到的声音的感官结构相混淆也是错误的。同样，我们如何理解抽象艺术，例如康定斯基或立体主义时期的毕加索？迪尔沃思指出，视觉内容的文字描述，即对形状、线条和色调的描述，是无济于事的。这幅画的感官品质并未揭示其意义。但这正是我们对葡萄酒所做的。"正是这种严重的混淆，即用实验意义对感官品质进行详尽的文字描述，构成了葡萄酒讨论中的正统观念。"

葡萄酒和想象力

迪尔沃思指出，葡萄酒的风味、香气和颜色在人们对其接受体验的想象力中所起的作用。在葡萄酒品评中，我们通常认为这一过程有两个部分。首先，我们有一个分析部分，这使我们实际感知到葡萄酒里有什么。然后，需要对其进行解释，并做出反应，从而将我们的感知带入反应式。迪尔沃思认为这个观点是错误的：品酒是一种单一的、富有想象力的体验，包括所有的风味、香气及享受。

但是，我们不应将葡萄酒鉴赏与艺术鉴赏相比较。迪尔沃思说，即兴表演是一个更好的比较。葡萄酒给我们每个人一个感官主题，我们可以在这个主题上进行像艺术一样的即兴创作。在这个过程中，我们是艺术家。葡萄酒中的酒精有助于我们自由地做到这一点。

这种观点的含义之一是，我们应该摒弃葡萄酒质量的绝对观念。人们喜欢不同的葡萄酒，有些人更喜欢批量生产的、果香浓郁的葡萄酒。如果我们认为葡萄酒是个人即兴创作的原材料，那

酒精在葡萄酒的想象力鉴赏中发挥着作用，它能将一种清醒的感官体验转化为不那么拘束的感官体验，使饮酒者的认知系统更容易被暗示，从而有可能进行更广泛的认知探索。

么这个问题就可以解决了。

迪尔沃思表示："那些暗地里对某些葡萄酒怀有好感的人，即使这些酒不受评论家的青睐，他们也不必再为自己的品味感到不好意思。"

道格拉斯·伯纳姆（Douglas Burnham）和奥莱·马丁·斯基亚斯（Ole Martin Skilleås）是《葡萄酒美学》（*The Aesthetics of Wine*）（2012年）一书的作者，该书深入探讨了这个主题。他们认为，葡萄酒鉴赏是一种类似于欣赏绘画或聆听音乐的审美活动。尽管这对许多人来说似乎是没有争议的，但是在学术界却存在争议。通常，在美学上，被欣赏的对象可以分为以下三类：视觉的（例如绘画和舞蹈）、听觉的（音乐）和语言上的（文学、诗歌）。这种分类忽略了触觉、嗅觉和味觉。传统上，这些近端感觉（我们必须以某种方式与对象接触才能感觉到它们）被认为过于主观，而不能用于美学上，因此仅限于可以远距离感觉到的感觉。伯纳姆和斯基亚斯问，为什么没有与这些被排除的近端感觉相对应的艺术类别呢？

通常，美学围绕着艺术家的意图。伯纳姆和斯基亚斯以美丽的风景画为例对此表示反对，他们说，在美学上，可以把它看作一个审美对象而非一件艺术品。对于他们而言，美学是指一群感知者的反应。

葡萄酒品评只有在美学实践的意义上才具有审美性，要考虑到那些感知葡萄酒的人的全部背景——他们学到了什么、他们的技能以及他们描述风味的语言。葡萄酒品评是一种主体间的感觉的审美：我们通过比较感觉印象来做出判断，个体品酒师不会单独做这件事。

能力的概念

为了帮助讨论，伯纳姆和斯基亚斯引入了术语"能力"，这是指我们为了欣赏一个审美对象所形成的知识和经验。这种能力可以分为三个分支：文化的、实践的和审美判断。文化能力本质上是概念性的：例如，它是关于葡萄酒种类和风格的知识。我们可能会问自己：这种风格的葡萄酒有什么可取之处？它在瓶中应该是如何演变的？

实践能力是我们所拥有的品尝葡萄酒的能力：发现、分析和辨别玻璃杯中的葡萄酒。我们的感觉能力是由经验形成的。伯纳姆和

斯基亚斯强调了一个重点：所有这些都是在"主体间实践"的背景
下进行的。这可能包括品尝的形式和条件、品尝葡萄酒的顺序以及
品尝温度。

　　所有这些条件都有助于进行判断。这种实践能力的另一部分
是对不同风格葡萄酒的体验。形成一种适合描述葡萄酒的语言，
对于辨别葡萄酒的特性也至关重要。我们通过与其他人一起品尝
葡萄酒并且形成一种葡萄酒词汇来学习葡萄酒。

　　第三种类型的能力是"即时感知"或"审美判断"。品酒师所
使用的整体性描述语，例如"平衡""优雅""和谐""复杂"或
"深厚"，指的是葡萄酒的特性，这些特性只是葡萄酒各种感官属性
的组合。它们是无法还原成葡萄酒成分的即时特性，因此它们本身是
基于审美判断的。伯纳姆和斯基亚斯评论说："审美判断是建立在当
时当地的想法（这些特性是在单一的判断行为中显现的）之上的，

葡萄酒能力的形成

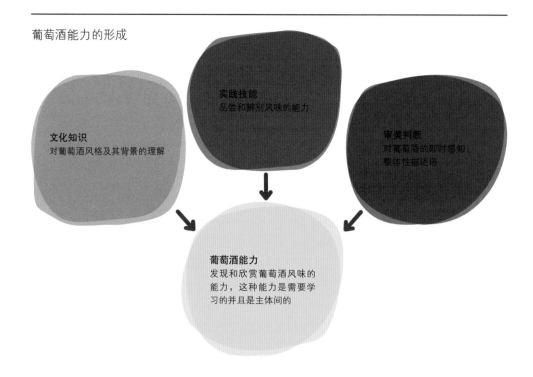

文化知识
对葡萄酒风格及其背景的理解

实践技能
品尝和辨别风味的能力

审美判断
对葡萄酒的即时感知：
整体性描述语

葡萄酒能力
发现和欣赏葡萄酒风味的
能力，这种能力是需要学
习的并且是主体间的

而不是存在或缺乏的客观上可描述的、普遍可取的元素或元素群。"

因此，审美判断代表了从气味或风味转变到即时特性的能力。为了有效地做到这一点，我们需要彼此，我们需要学习并被他人指导。这种能力是交叉获得的。即时属性基于葡萄酒的感觉属性，但是发现和欣赏葡萄酒的能力必须通过后天的学习。葡萄酒品评的审美实践需要一个具有广泛相似品味和兼容能力的"群体判断"。关于葡萄酒的审美判断本身就是一种规范：如果我发现了一款复杂或平衡的葡萄酒，我希望你也这么认为。伯纳姆和斯基亚斯建议，将美学的焦点从个人感知者（通常情况下是这样的）转移到群体判断。众所周知，优质葡萄酒是一种审美体系。

"葡萄酒世界"的影响

如果个体品酒师属于葡萄酒品尝者中的一个主体间群体，那么优质葡萄酒就成为一种审美体系，正如斯基亚斯说：

"我们的观点是，葡萄酒不仅仅是存在的东西，而是我们所认为的东西。葡萄酒品尝者、生产者、记者、进口商，等等，形成了我们所说的"葡萄酒世界"［这是对亚瑟·丹托（Arthur Danto）在1964年的论文"艺术世界（The Artworld）"中含蓄而明确的引用］。对你我而言，品尝过程（比如我们所用的杯子）是第二性质。但是，这些也都是我们从别人那里学来的，更不用提我们所使用的描述语和标准了。葡萄酒远不是葡萄酒美学评论家所认为的没有任何组成的对象，它在一定程度上是一种由葡萄酒界（葡萄酒世界）所构建的对象。刚才提到的品尝过程，是葡萄酒可以成为我们所谈论的对象的一种方式。"

在斯基亚斯看来，质量判断不能完全脱离葡萄酒作为一种对象的方式。"不知不觉中，我们学会了品尝、谈论和评判他人的葡萄酒。我们称其为引导感知，但是我们也可能将其扩展为'引导判断'。我们认为葡萄酒判断的规范性取决于引导感知和引导判断。

可以说，我们是葡萄酒世界的一员，我们代表葡萄酒世界进行评判。当然，我们喜欢脱颖而出并主张自己的独立性（也许有时会举步维艰），但是，如果没有形成葡萄酒理想特性的共同规范，这些都不会有任何不同。"

然而，品酒师自己的身份呢？这会影响他们的葡萄酒体验吗？我认为，重要的是，因为我们从故事的角度了解我们周围的世界。我们有一个内在的叙事（一系列关于我们周围世界如何运作的故事），我们正是通过这种叙事镜头来解释现实世界。这种经验的过滤，以及将其融入我们自己内部故事框架的过程，为我们每个人提供了一个对世界独一无二的见解。在某种程度上，我们可以与朋友和家人分享自己的世界观，但是它的许多方面对于个人而言都是私人的。

葡萄酒质量的美学体系和概念

这与葡萄酒有什么关系？我们根据自己的叙事来诠释和理解葡萄酒。葡萄酒鉴赏不仅在于味道好不好。例如，什么是一款"优质"葡萄酒？对葡萄酒质量的判断只能在美学体系的框架内进行，这是一种建立在对葡萄酒某些吸引人的特征的认可之上的一种叙事，这种叙事还包括葡萄酒从何而来以及如何生产。

以下是苏格兰的帕尔蒂克足球俱乐部前经理约翰·兰比的轶事。当医疗队告知他，他的前锋脑震荡严重到连自己的名字都记不住了，兰比回答说："告诉他，他是（巴西球星）贝利，请他回来继续。"这个故事提出了一个有趣的观点：我们的认同感以及我们如何看待自己与世界的关系，在多大程度上会影响我们的思维、行为和表现？

在葡萄酒世界里，我们发现了不同的审美体系，它们在某种程度上是重叠的，但也有显著不同。当这些审美体系发生冲突时，就会引起争议。都有哪些审美体系呢？第一，有一个经典的优质葡萄酒审美体系，即优质的葡萄酒产生于波尔多、勃艮第和香槟地区。第二，是罗伯特·派克的审美体系，在他看来，英国精品葡萄酒公司十分傲慢，英国作家又总是与葡萄酒行业同进退。派克凭借一种简单易懂的计分系统及独立性备受消费者拥护，他有一群强大的追随者，并且其对成熟、醇厚、浓郁的葡萄酒的品味引起了读者共鸣。出乎意料，我们有了一种全新的关于优质葡萄酒的审美体系，这与先前的审美体系有一定的冲突。第三，我们有生物动力学的、真实的、天然的葡萄酒审美体系，在这个审美体系里，避免权威而转向简洁。故事中的一个重要部分是如何种植和酿造葡萄酒，强调葡萄园的健康以及葡萄酒厂的细微处理。特别是，全新的、天然的/真实的葡萄酒审美体系与罗伯特·派克的优质葡萄酒审美体系有明显冲突。

"我们采用既定的欧洲葡萄酒价值观，反对派克学派，提出了有关不同美学体系的想法，"斯基亚斯说，"然而，我认为，如今天然葡萄酒世界将是代表另一种体系的最热门候选。这主要是因为天然葡萄酒爱好者的价值远远超出了葡萄酒的品质（包括其酿造方式）。天然葡萄酒运动很乐意在大自然的祭坛上牺牲美学价值。"

所有这一切强调的是，我们是从自己的角度来看待葡萄酒的，因此对葡萄酒评级或判断的概念必须考虑到这一点。某一个评级不可能符合全世界对于该葡萄酒的判断。如果你决定跟随一位评论家，则需要选择一位与自己对葡萄酒的审美体系大体相同的评论家，你需要针对与评论家的差异进行调整，并与其进行自我校准。

如果我们要解读葡萄酒，应该意识到我们是根据我们自己的葡萄酒审美来解读的，这一点对我们来说很有帮助。这就是为什么故事对于葡萄酒鉴赏如此重要的原因。

休·约翰逊（Hugh Johnson）说："葡萄酒需要语言。"他是对的。但是不仅如此，葡萄酒还需要故事。正是这些故事帮助我们了解葡萄酒，爱上葡萄酒，并帮助我们通过这种最引人入胜和受益终生的葡萄衍生现象在葡萄酒的旅程中取得进步。

很少有评论家认为葡萄酒是一种艺术形式，但是我将通过询问是否有某种方式可以将葡萄酒视为艺术来结束本章。建议一个艺术画廊举办嗅觉展览是如此奇怪吗？有了适当的技术，艺术家是否可以像雕刻家用青铜雕刻或者画家在画布上用油彩画画一样，用气味来创造出一些美丽而有意义的东西？如果是这样的话，葡萄酒肯定会被认为是风味艺术的极致。

第7章

构建现实

　　梦和幻觉是我们自己体验现实的一种精神状态，这是一种与通常所说的"现实"截然不同的状态。这些状态是否反映了大脑从有限的感官输入构建现实的能力？我们对现实的体验真的是从周围世界提取出的现实框架所构建的吗？目前，一个关于大脑如何工作的新理论在神经科学领域引起了一股热潮，而这个理论可能是真的。

僵尸可以成为一名好品酒师吗？

　　虽然我不能说自己是这方面的专家，但是我看过很多僵尸电影，知道僵尸除了有一种强烈的想咬其他人的欲望，还可以使被咬的人也成为僵尸一族，他们是一种完全无意识行动的人类。僵尸是不会自省的。

　　鉴于此，僵尸会是一个好的品酒师吗？我认为他们有一种味觉（他们当然喜欢活生生的人肉），因此，如果他们喝葡萄酒，他们是可以感觉到葡萄酒的味道的。但是，我认为他们不擅长品酒，因为很多品酒技巧都需要有意识的思考，将我们正在体验的与过去的葡萄酒体验进行比较，探寻葡萄酒的气味和风味，寻找葡萄酒中存在的东西，然后分析我们所发现的东西。

　　本书的细心读者现在应该知道，当我们品尝葡萄酒时，我们并不是简单的检测工具，我们以一种有意识的方式评估一种已经由我们的大脑呈现给自己意识的感知。在这个阶段，我们的大脑已经对从嘴巴、鼻子和眼睛接收到的信息做了大量的工作，我们无法进入这些处理步骤，也不知道发生了什么。但是，现在我们能够使用各种认知策略来探索杯中之酒。这就是僵尸品酒师的劣势所在，他们会尝一尝，但是可能他们唯一能做的判断，就是他们是否喜欢这款葡萄酒。

　　把我们与僵尸区分开来的是我们的意识，这是本章的核心

主题。在第3章中，我们研究了大脑如何处理感觉信息。现在，我们将更进一步，探讨意识本身，这是神经科学、心理学和哲学中最有趣和最困难的主题之一。神经科学家克里斯·弗里斯（Chris Frith）嘲笑说，当许多神经科学家到50岁左右时，他们觉得自己有足够的智慧和专业知识来着手解决意识问题。解决这一极其困难的概念，被广泛认为是一个对学者来说的巨大陷阱。

讨论该主题的问题之一是，我们都已经对此感到熟悉，并且经常对自己知道的主题有自己的强烈见解，正如弗里斯所解释的那样："心理学在许多方面与其他科学有所不同，但是最重要的区别是每个人对心理学都有自己的直觉。其中包括心理学家：我们一直都在使用民间心理学。"心理学也是一个有争议的、多学科的话题。由于研究起来比较困难，因此文献中存在许多不同的观点。但是，从概念的角度来看，我在本章中提出的观点尤其有趣且吸引人，而且我认为这也是被广泛支持的观点。

世界的意识与导航

简而言之，意识是有机体在进化过程中在大脑中发展的一种工具，用来帮助它们对周围的世界做出适当的反应。这是一个大胆的主张，我将尽力予以支持，因为许多人会认为这是一个具有威胁性的观点。说到拥有意识，我不知道分类学上的分类界限在哪里。笛卡尔的著名论点是只有人类是有意识的，但是似乎像狗、虎鲸、海豚、大象和鹦鹉这样的动物也是有意识的。尽管事实上无法确定动物的意识，因为没有任何动物可以告诉我们它们的经历。

意识解决了什么问题？我们需要一种在复杂的外部世界中导航的方法，以对我们面临的各种刺激做出足够快速的反应。人工智能（AI）研究人员所面临的困难凸显了这一挑战的规模。

只有当你开始尝试用计算机复制大脑所做的事时，你才会意识到，看似毫不费力地完成的工作实际上是非常困难的。

大多数试图生成人工智能的人首先会创建一个装置，这个装

"对于像物理学或分子遗传学这样的学科，我们承认自己对这门学科知之甚少甚至一无所知，并尊重从事这门学科的专家。而如果心理学家发现了一些令人兴奋的新发现，他们要么被告知每个人都已经知道了这个发现，要么被告知这一定是无稽之谈。"

克里斯·弗里斯

置可以测量环境中的变量，然后将由此获得的数据输入一个大型计算机程序进行处理。例如，你可以使用数码相机来收集视觉数据，然后使用一种精巧的算法来识别图像中的重要特征，现代数码相机在这方面做得很好，它可以通过检测面孔来聚焦人脸，而不是背景。你可以使用一个麦克风来探测声音，然后进行一种类似的高级处理来理解这些数据，就像iPhone上的Siri程序可以识别你的声音一样。但是很快，你就会处理大量的数据，尤其是一旦方程式中包括内存（访问以前存储的数据）后。如果这是我们的大脑工作的方式，我们将无法足够快地处理信息，以便在必要的时间尺度上做出反应。

在过去几年中，通过使用一种改进形式的神经网络（称为深度学习），人工智能已经取得了很大的进步，其中包括数十个阶段的特征提取、非线性处理，然后将受限的信息集传递到下一个层次，这与大脑的工作原理非常接近，但是未达到意识层面。

在我们直接跳到意识之前，先来看看视觉的具体情况。我们认为自己的视野是完整和准确的。但是，实际上，这是我们的大脑通过眼睛所接收到的信息而创建出来的。当你环顾四周时，尽管我们努力让自己感觉所有东西都在清晰的焦点之下，实际上只有视野的最中心处才是清晰的焦点，这是因为我们的眼睛快速地四处跳动，所以每当我们看东西时，它们看起来总是很清晰。我们没有意识到视觉中，视神经与视网膜相连的盲点，因为大脑为我们填补了这个盲点。当你转动头部，眼睛这样或那样地扫描时，视觉环境看起来是稳定和持续的，尽管事实上进入你视网膜的信息变化很快。虽然我们频繁移动，但是我们感觉的视觉环境是稳定的。

我们感觉自己是在保持环境稳定的同时还在前进的人。但是，如果你要通过眼睛看到输入的信息，像电视摄像机提供的画面一样，那就无法观看。大脑已经把你所处的视觉环境的这个"模型"组合在一起，所以它看起来是稳定和持续的，且你可以关注其中有趣的东西。

如果我们可以通过深度学习（接收所有的外部数据，输入我们的经验/记忆，然后预测适当的反应）的方式工作，大脑就不需要意识了。那么我们只是机器人，像僵尸一样。意识的进化似乎是一个复杂计算问题的优雅解决方案。

这就是为什么Go-Pro的连续镜头如此令人不满的原因。你可以将这些小型防水摄像机安装在自行车、冲浪板或者头部，可以拍摄一些有趣的影片，但是却无法复制出真实的体验。例如，一段沿着山路骑行的Go-Pro镜头片段只是整个旅程剧本中的一部分，并不完全令人信服。这是因为当你沿着那条路径骑行时，你的视觉系统会为你所经过的环境构建一个稳定的图像，即使它不是你眼睛所看到的。Go-Pro的优点是视角宽广，但是我们的视觉系统不会以与摄像机相同的方式运作。

人类体验的近似值

第一人称射击电子游戏也是如此，例如非常受欢迎的《使命召唤》（*Call of Duty*）系列。这些图像可能令人难以置信，但是由于我们无法建立环境的视觉模型，因此感觉图像好像不在那里。只有当游戏机能够跟踪我们的眼球移动，然后对其做出实时反应时，这些游戏才能完全令人信服。优秀的电影制作人了解视觉是如何工作的，不管这是直觉的还是后天习得的。试着从制作者的角度来看一部电影，研究他们使用的技术。他们通常会把短片串在一起，切入再切出，从生物学的角度关注观众感兴趣的东西（那只手在做什么？那是什么表情？）。镜头会跳来跳去，许多剪辑确实很短，但是如果这些剪辑做得很好并且连接在一起，我们就不会注意到，而会有很好的体验感。

因此，在视觉方面，大脑对我们周围的世界进行建模，创建了一个不完整的视觉场景，但是大脑的感觉完整且有用，并且不会使用太多的处理能力。我们识别出模式和对象，它们全都跳出了一个本来就令人困惑而复杂的场景，并且我们本能地解释了该场景有什么，甚至没有意识到自己在做什么。

这种高阶处理能够理解原本那种混乱的场景，而且非常有效。我们没有意识到这个过程，相反，我们认为自己"看到"的东西是那里所存在事物的精确表达。或者，换句话说，我们有一种错觉，即我们对世界有一种直接的感知。事实并非如此，但是

有时候，大脑理解视觉输入的系统会受到短暂的欺骗。我们可能都体验过这种奇怪的感觉，当我们坐在一辆停在站台的火车上时，我们看到对面的火车开走了。有那么几秒钟，我们认为是自己在移动，这是一个非常强烈的错觉。

人工智能（AI）的基本要求

听觉

麦克风会接收声音并将其传送给处理器，处理器会从背景噪声中提取相关信息，例如，实现语音识别。

视觉

摄像机会拍摄视觉场景。这里的处理过程会使用物体识别，就像数码相机被设定为专门对焦人脸一样。

嗅觉和味觉

化学分子将被传感器捕捉到，而不是被我们的鼻子和舌头检测到，并被送至AI处进行识别和鉴定。

触觉

一个可移动且有形的AI需要压力传感器来模拟我们的皮肤和身体内部的压力。它们将帮助AI在不自我伤害的情况下导航其环境。

我们认为确实如此，因为我们没有意识到自己大脑在幕后所做的工作。

大脑需要一个模型

在第3章中，我们开始探讨这样一个观点，即我们的许多感知与现实并不完全一致。我们从大量复杂的感官数据中提取出那些最相关的特征。我们通过学习识别物体，包括它们的性质、典型行为和外观，来认识世界。这些物体表征是多模态的，结合了来自多种感官的信息。在"物体混合"中，感官的准确组合取决于物体的性质，所以不可能说出哪种感觉在其构成中更重要。

大脑需要一个模型，考虑到我们所涉及的周围世界的复杂程度，它提供了实时导航现实的唯一方法。这就是我们现在神经科学的热门话题：预测编码。现在，人们普遍认为这是大脑工作的方式，这是一个复杂但有力的想法，有可能解释诸如意识和感知等难以理解的概念。

简而言之，大脑就像一个预测装置。它通过一系列期望（在行业中称为先验）来预测传入的感官数据，并将这些预测与实际传入的感官数据进行比较。大脑在寻找"错误信息"来帮助我们完善自己有关外部世界的模型。

在这个关于大脑工作方式的新理论中，有两位杰出人物。第一位是著名的德国科学家赫尔曼·冯·亥姆霍兹（Hermann von Helmholtz）。1866年，他发表了一篇关于大脑如何做出无意识推断的论文。他指出，连接感官的信号和对这个信号的感觉以及有意识的体验之间大约有200 ms的延迟。他的结论是，大脑工作需要时间，因为大脑正在进行无意识的推断。

本质上，这个想法源于现在所谓的预测编码。另一位杰出人物是长老会牧师兼统计学家托马斯·贝叶斯（Thomas Bayes），他的著作发表于1763年，即其死后两年，但是直到20世纪50年代，他的著作才受到广泛认可。面对信仰和概率，贝叶斯认为，如果我们对世界的方式有一个深刻的认识，那么就

如果你有一张和现实完全一致的地图，而且它的比例和现实相同，那么这张地图显然毫无用处。相反，一张好的地图会将现实缩小到一个更易于管理的比例，并且只包含有用的信息(见P59)。

知道这很有可能成为现实，从而对其做出预测。但是，由于世界的状态是在变化的，我们永远不知道外面到底发生了什么，因此我们的预测总是会有一些错误。正是这个错误使我们能够完善自己的预测并使其变得更好。贝叶斯的理论告诉我们，为了使预测更准确，我们需要在何种程度上改变自己的预测。

大脑所做的是建立一个内部感觉模型。这就是我们所感知到的："现实"实际上是由我们的大脑创建出来的。它是对外界事物的一个预测，然后我们利用传入的感官信息来修改这个模型。当我们所预测的东西和体验之间没有差别的时候，我们也能够以一种几乎无意识的方式进行工作。例如，如果我要伸手拿起一支笔，我几乎不假思索地这么做了，大脑可以预测我需要走多远以及拿笔需要使用的力量。只要这支笔的重量是我所预期的重量，我就能完成这个看起来很简单，但实际上相当复杂的动作，甚至无须考虑。但是，如果这支笔的重量比我预期的多得多或少得多，那么预测错误便会使我注意到自己在做什么，我会突然把注意力转移到这一行为上。当我们拿起一块铅或一大块聚苯乙烯时，就会发生这种情况。当某件东西出乎意料地重或轻时，我们往往每次都会对此感到惊讶。

伦敦大学感官研究中心的巴里·史密斯（Barry Smith）教授解释了更多关于预测编码的含义："过去的模型是，来自受体的信息通过感官模态进入并进行计算，你可以从中抽象出来，然后对这些事物的本质做出判断。然而，这不再是我们所相信的模型了。我们相信，大脑正在自上而下地预测它将获得什么样的感觉信息。当这些信息输入时，它要么是正确的，你可以忽略它，要么你得到的是一个错误信息：它是不正确的，你必须修改自己的先验性信息。"

我与史密斯会面讨论了预测编码，我认为，我们在感知方面所做的是对自己周围的世界建模。计算问题对我们来说难以直接做到，所以我们对现实进行建模。我们先建立模型，然后用现实

"我们所有的感知都是幻觉，从某种意义上说，它们是由我们的大脑创建的。然而，我们的感知是受现实强烈限制的幻觉。这些限制来自我们的感官所提供的证据，也来自我们的先验性看法。此外，在这个框架中，幻觉和妄想并没有本质上的区别。两者均来自对先验期望所限制的证据的评估。"

克里斯·弗里斯

来确认或否认这个模型。史密斯认为：

"这来自和行动有关的'前向模型'。假设要从桌上拿起你的录音机。对你而言，常识上是用眼睛来引导手而拿到它，但是那太慢了。当你把信息从视觉皮层，向上传递到感觉运动皮层，再传递到手臂，就太晚了。因此，大脑已经在手指末端预测了你所期望的运动和感觉，并保留了一份这些信息。当伸出手去触摸录音机时，如果你在某个动作后，手指末端所获得的正是你所预测的，你就会把这些信息和感觉抵消掉。换句话说，你从来没有真正注意到自己的手指上发生了什么事情。这就是一种'脱节'。"

随后，史密斯演示了一个众所周知的现象——"服务生效应。伸直你的手，我要放一个瓶子在你的手上面。当我把瓶子拿起来的时候，你的手臂稍微抬高了一点。现在，用你的另一只手将瓶子从你手上拿起来，你的手臂不会抬高。这是因为你已经预

我们的大脑如何创建现实

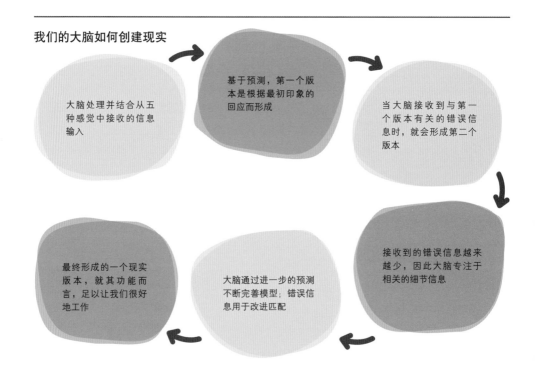

大脑处理并结合从五种感觉中接收的信息输入

基于预测，第一个版本是根据最初印象的回应而形成

当大脑接收到与第一个版本有关的错误信息时，就会形成第二个版本

接收到的错误信息越来越少，因此大脑专注于相关的细节信息

大脑通过进一步的预测不断完善模型；错误信息用于改进匹配

最终形成的一个现实版本，就其功能而言，足以让我们很好地工作

测了重量将要发生的变化，并对其进行了修正，但是你不能预测我的运动，所以你无法进行计算。"他补充说，这就是为什么当服务生来到餐桌时，你绝不能从他们的托盘上拿起杯子，而是让他们自己去拿。"因此，你会预测当瓶子掉下来时你的手臂将会有什么感觉，并相应地改变肌肉张力，这就是前向模型。"

预测编码和葡萄酒品评

预测编码理论如何应用于葡萄酒品评活动？史密斯解释说："假设你知道你正在品尝新西兰黑皮诺。你已经品尝了很多这样的葡萄酒：你看看葡萄酒的颜色，闻闻味道，甚至在你把葡萄酒送进嘴里之前，你就已经对将要发生的事情有了非常强烈的预期。这里还有一些你意想不到的空间，也许会有一些额外的酸度或甜度，但是如果当你把葡萄酒送到嘴里时，尝到了一款波尔多葡萄酒或一款赤霞珠葡萄酒的味道，那将会非常奇怪：这会让你抓狂。你已经在那里寻找自己所期望的东西。如果我们相信预测编码的理论，你就会抵消感觉，几乎不会注意它们。这有点像一个核查清单。现在想象一下，一个不习惯品尝的人想要喝一杯红葡萄酒，他们会预期这是一杯红葡萄酒，所以在某种意义上，大脑会预测到是较低的酸度、饱满、一款具有黑色或红色水果味的葡萄酒。一旦出现这种情况，就不会引起品尝者的注意，因为对他们来说，最需要关注的是喜欢还是不喜欢。这就好像当人们在品尝葡萄酒的时候，不去考虑葡萄酒，不记得它尝起来的味道，主要的事情是得出'我喜欢它'或'我不喜欢它'的判断。专业品酒师所做的事情就是我们迫使自己做的最奇怪的事情之一，即克服我们天生因为熟悉而忽略很多东西的能力。

你将不得不迫使自己关注所有信息。其中一些信息是多余的：就个人层面而言，你非常了解一款新西兰黑皮诺应该是什么样的，因此不需要特别注意，但是在你的工作中需要注意这些。你是在试图克服大脑的忽略能力。"

"通过你的感官以及任何感官体验，大脑就会预测它将得到什么。当感觉出现的时候，如果一切都与预测相符，那么一切都很好。如果你感觉到了一些非常令人惊讶的东西，这就会形成一个错误信息。"

巴里·史密斯

梦和幻觉

大脑有能力创建"现实"的依据来自所存在的经验状态，而这些经验状态在外部世界是没有基础的。麦司卡林、麦角酸酰二乙胺（LSD）、裸盖菇素以及二甲基色胺（DMT）等药物被称为致幻剂，它们能引起意识改变，通常被称为幻觉。用户体验到的是一种改变了的现实，该现实不受常规约束，并且可能与真实的现实相差甚远。致幻剂几乎在所有国家是非法的，因为人们担心它们对使用者的精神健康产生负面影响。但是，最近人们对致幻剂作为一种潜在有用的治疗工具的兴趣开始复苏。

死藤水（Ayahuasca）是一种传统的致幻剂，在亚马逊地区土著社区的宗教仪式中使用。这是一种迷幻茶，由含有DMT的通灵藤蔓与含有单胺氧化酶抑制剂（MAOI）的查库娜灌木混合制成。DMT通常在胃中分解，但是亚马逊人了解到，具有MAOI活性的查库娜可以阻止DMT的分解，使其进入血液。总之，这种组合是非常有效的，尽管代价是要忍受呕吐和腹泻。人们在萨满巫师的指导下服用死藤水，说出有关宇宙本质和人类在地球上的目的等强烈的精神启示，他们声称进入了更高的精神维度，在那里他们与作为指导者或治疗者的人有接触。人们已经证明，通过这些强烈的迷幻经历，他们的终生抑郁得以治愈。

不是每个人都尝试过精神药物，但是我们都经历过睡眠时的幻觉：梦。研究人员通过观察睡眠者的大脑模式发现，他们在睡眠中有一个阶段似乎处于清醒状态，尽管除了控制眼睛的肌肉之外，其他肌肉是没有反应的。

这个阶段被称为快速眼动睡眠（REM），就是做梦的时候。如果在快速眼动睡眠期间被叫醒，绝大多数人都会说自己正在处于梦境中。但是，关于梦的记忆是短暂的：如果你在快速眼动睡眠结束几分钟后醒来，将不会记起梦的内容。

在2000年发表的一篇有趣的研究论文中，萨拉-杰恩·布莱克莫尔、丹尼尔·沃普特和克里斯·弗里斯提出了一个为什么我

许多人都将死藤水视为一种植物类治疗用药，而不是一种药物。琳赛·罗翰，斯汀，保罗·西蒙等名人都提到过死藤水的用途，死藤水旅游业在秘鲁和哥伦比亚已经成为了大生意。在整个亚马逊地区的小屋中，常驻的萨满巫师会引导好奇的西方人体验这种幻觉经历，但是这种改变心智的精神追求并非毫无风险。虽然有道德的萨满巫师会满足你的好奇心，但不法的巫师引发的接二连三的死亡和强奸事件给这种药物蒙上了一层阴影。

们不能给自己挠痒痒的解释。这一切都与我们大脑所做的预测工作有关。我们的运动系统有一个内部前向模型：它们来预测当我们行动时将会发生什么。大脑命令手指挠痒，与此同时产生一个前向模型来预测这个动作的感官结果。当这种动作自发产生时，就可以准确地预测挠痒痒动作的感官后果，并且这种预测可以被大脑用来减弱该动作的感官效应。但是，当其他人做出要挠我们痒痒的动作时，我们所做的感官预测与接收到的感官反馈之间会出现差异。这种差异越大，我们就会感觉越痒。作者使用功能神经影像观察了大脑中所发生的事情，发现当我们试图自己挠痒痒时，躯体感觉皮层和前扣带皮层的活跃程度比别人给我们挠痒痒时要低，这表明这些就是造成感觉减弱的原因。他们还认为，小脑可能参与形成有关运动的感官结果预测。

我们从快速眼动睡眠中回忆起的少数几个梦境，都是与现实本身非常相似的生动经历。只是它们的内容与现实毫无关系。到底是怎么回事？无论是梦还是幻觉，似乎大脑的现实生成装置(不管它是什么)在没有任何来自现实输入或约束的情况下都是活跃的。相反，它来自记忆，从而产生一种看起来非常真实的体验。

意识和自由意志

1983年，本杰明·利贝特（Benjamin Libet）及其同事发表了一篇论文，使其声名大噪。其结论令人惊讶，哲学家和神经科学家从那时起就一直在争论这个问题。在这个实验中，受试者必须完成一个简单的运动任务，比如在30秒内随时移动手腕或手指。要求他们通过指出时钟上的时间，来确定他们什么时候第一次意识到自己的决定、冲动或行动意图。利贝特将其称为W时间点。接下来，他用脑电图来监测他们的大脑活动。

令人惊讶的发现是，一个称之为准备电位（Readiness potential，RP）的预备性脑活动比他们的行动早了大约550毫秒，在W和RP之间有一个大约350毫秒的间隔。似乎大脑甚至在我们想象着做出有意识地行动决定之前，就开始了活动。这个发现在其他地方也得到了验证。这意味着什么？许多人认为，这一结果使得自由意志的概念荡然无存。他们说，这证明了行为是由大脑的预备性活动而不是有意识的决定引起的，如果没有有意识的决定，自由意志就不会存在。

现在看来，这是令人不安的事情。我们中没有多少人对这一

观点感到满意，也就是说，我们不能自由选择自己要做的、要说的和所想的事情。假设我们有这些自由，这是社会结构方式的基础。诚然，遗传和环境因素的影响可能促使我们采取这样或那样的行动，但是在考虑这些因素之后，我们认为自己还有相当大的余地来决定"是"或"不是"，并做出自己的选择。

利贝特的实验会有不同的解释吗？有些人认为，利贝特研究的行为更多是无意识的，而不是具有某种意志的。我们熟悉的许多日常行为都是无意识的，很少有意识的深思熟虑。在这些实验中，受试者同意在接下来的30秒内做出一个行动，可以说，一个有意识的决定之后或多或少会有一个无意识的过程，受试者可能将何时在这个空隙内行动的决定留给了无意识的大脑。但是，大家一致认为这些行动实际上是有某种意志的，所以这个观点站不住脚。另一种可能的遗漏之处在于方法论：W点何时确切地出

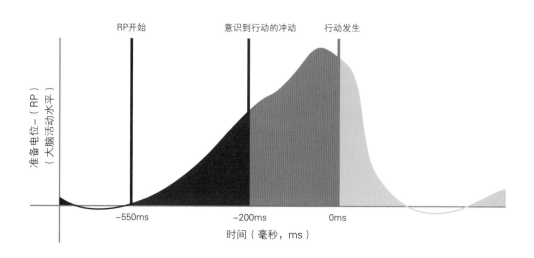

利贝特（Libet）试验

　　该图表示了本杰明·利贝特的试验结果，该试验已经重复了很多次。它表明大脑活动先于行动决定。准备电位记录了大脑皮层的电压波动。这段时间对自由意志理论产生了影响。

现？事实上，受试者的注意力从他们的任务转移到看时钟，这可能是该实验设计的一个问题。此外，受试者所做的选择很少，所以这是一个客观的试验。

在对利贝特试验结果的解释中，有一个有趣的现象可以解释自由意志。受试者报告说，他们有一个有意识的想法，但是可以选择压制或否决这个想法。在他的试验中，有时利贝特可以看到一个RP，然后是一个否决，因此没有行动。我们的自由意志可能类似于在餐厅用餐，在餐厅中我们从数量有限的选项中进行选择，而不像在家吃饭，在家吃饭我们必须从头开始做选择。

甜蜜的期待

俄亥俄州立大学音乐教授大卫·休伦（David Huron）著有一本引人入胜的书——《甜蜜的期待：音乐和期待心理学》（*Sweet Anticipation：Music and the Psychology of Expectation*）（2006）。这本书的思想与作为意识感知基础的预测编码的概念非常吻合。当听音乐时，我们和音乐的关系会随着反复聆听而改变。我们会期待即将发生的事情，当音乐与我们的期待相吻合时就会产生一种愉悦感。"甜蜜的期待"指的是这些积极的想法和感受，这源于对未来事件的一种预期并看到其发生。

休伦将他的工作从音乐中归纳出来，提出了一个更为广泛的关于期待的解释，他称之为"ITPRA理论"，这个缩写代表五个反应系统：想象（imagination）、紧张（tension）、预测（prediction）、反应（reaction）和评价（appraisal）。前两个出现在事件发生之前，最后三个出现在事件发生期间或之后。

在休伦的作品中，"想象"反应是预期和评估的可能结果，而"紧张"则根据可能结果的性质、确定性和重要性形成关注和觉醒。然后，当事件开始时，通过"预测"来确定事件是否符合先前的预期。"反应"则是对事件的一种即时反应，而有意识的"评价"反应是对所发生事件的一种最终、更慎重、更深思熟虑的评价。

可能是我们无意识向自己展示了欲望或冲动，然后，我们可以选择压制或满足这些欲望和冲动。因此，意识在某种程度上可能是一个选择性过程。我们从无意识的大脑向自己提出的一系列可用的可能性中做出决定。有意识的自由意志可以用来控制我们选择采取的行动，而不是开始自发地采取行动。

我们所做的预测以及预测成功的程度会形成一种奖励或惩罚。成功的预测会带来正面的情绪奖励，失败的预测会带来惊喜，这取决于环境，可能会也可能不会带来负面的情绪惩罚。通过将情绪结果增加到我们的ITPRA过程中，从而不断演变促使我们提高了预期能力。反过来，这些能力可以帮助我们正确地应对高度变化的环境。我们从音乐中获得的乐趣只是这种能力的副产品。

失败预测的积极影响

在某些情况下，由于预测失败而形成的惊喜可能会带来奖励。如果我们所有的预测都是完全正确的，那就太无聊了。在第6章中，我提到了纯粹接触效应，当我们多次接触气味时，只要它们不是很糟糕或很有吸引力，我们就会更喜欢这些气味。在对音乐和期待的分析中，休伦提出了单纯接触是如何发挥作用的。根据休伦的说法，有些音乐设法将惊喜与预测的实现结合起来。对此的一种可能解释是，虽然一个有意识的期待得到满足会有奖励，但是一个无意识的期待得到满足会有更多的奖励。因此，如果我们在无意识中接触到某种刺激（例如，非常短暂的接触、过去某段时间的接触，或者当我们分心时的接触），可能会获得一种无意识的期望，当我们再次遇到刺激时，无意识预测得到实现时，我们就会感到非常满足。

休伦认为，我们需要扩展感觉的概念，将对未来的感觉包括其中："在许多方面，期待可以被视为另一种感觉：未来感。就像视觉以同样的方式为大脑提供即将发生事情的信息一样。与其他感觉相比，未来感是生物学中最接近魔法的感觉。"

除了预测未来，意识还能使我们做一些其他有用的事情：解读他人的意图。仅凭有限的信息，我们就可以在某种程度上读懂他人的想法。这种能力被称为心智理论。在社会交往中，解读他人是一项至关重要的技能，但是大多数人都能毫不费力地做到这一点，以至于我们并没有意识到这有多么了不起。

大脑对他人的行为和举止保持警觉。在20世纪90年代初，

当可以确切地知道接下来会发生什么时，我们很快就会对此音乐感到厌倦，这就是为什么过度接触某个音乐时，最终都会感到厌烦。相反，我们与有趣的音乐建立了一种联系。这不仅是熟悉感在起作用，而且是因为大脑越来越有能力正确地猜测接下来会发生什么而受到奖励。

贾科莫·里佐拉蒂（Giacomo Rizzolatti）及其同事有了一项重要的发现。他们用神经影像研究了猴子的行为，证实了当猴子执行一个动作时，它的神经元会被激活，但是也发觉，当猴子看到另一只猴子执行同样的动作时，它的神经元也会被激活。他们将其称为镜像神经元。假设我们人类也有镜像神经元（由于道德原因难以证明），这就好像我们通过读懂人们的意图来了解其在做什么。在社会交往中，我们了解他人的意图并不是通过思考他人而了解，而几乎是通过本能地感觉来了解。镜像神经元能使我们感觉到他人正在经历的意图和情绪，即使他们并没有明确表现出来。如果我们看到朋友微笑，我们的微笑神经元也会微笑：我们会立即本能地了解在这种社会交往中所发生的事情。的确，当有人对你微笑时，你很难不回以微笑。如果有人表现出痛苦的表情，你可以感觉到他们很痛苦。打哈欠是会传染的。毫无疑问，人类镜像神经元的存在尚未得到证实，但是似乎这些镜像神经元是存在的，并且有助于我们与他人相处。

因此，我们得出了意识体验的本质。如果我们思考自己的意识，就会发现有一件事似乎显而易见，那就是意识是一个统一体。意识的各个方面都是一起体验的，而不存在以某种方式融合在一起的单独意识模式。这是我们将在最后一章中要讨论的主题。

我们的大脑允许自己预测未来，而这种预测是与情绪联系在一起的。一般来说，我们比较保守，在某些时候，我们比其他时候更警惕潜在的危险，这取决于我们对形势的预测有多大的挑战性。正是这种感知未来的能力，使得诸如听音乐、看电影、享受美酒等艺术和审美活动成为可能。这些活动都会影响期待所带来的情绪奖励。

第 8 章

葡萄酒的语言

　　品评葡萄酒的问题之一是我们如何向他人传达我们的感知。当我们品尝一款葡萄酒时，我们可以很清楚地感受到我们的体验，却发现很难把这些感受用语言表达出来。那么，如何有意义地传达出我们对葡萄酒的体验呢？我们的味觉和嗅觉语言在多大程度上影响了感知本身？当品尝葡萄酒时，丰富的词汇量是否有助于巩固我们的感知？是否所有文化都有将嗅觉和味觉转换成文字的困难呢，还是只有部分文化是这样？

寻找分享我们感知的词汇

　　当在餐桌上共享一瓶葡萄酒时，我们通常喜欢对此发表评论。无论是谁买的葡萄酒，我们可能都会对其质量进行补充说明，但是我们通常会更进一步，试着描述葡萄酒的特性，以表达我们的欣赏之情。葡萄酒行业将这一问题带到了一个完全不同的水平。

　　在20世纪90年代初，当我第一次喝葡萄酒时，我试着写品尝笔记，以此来记住我喝过的葡萄酒，同时也作为一种学习更多葡萄酒知识的方式。当然，我也读过一些别人的品尝笔记。例如，我最早研究的葡萄酒书籍之一是美国评论家罗伯特·派克的《葡萄酒购买指南》（*wine Buyer's Guide*）（1987），这本书很厚。他的品尝笔记热情大胆，对于新手来说很容易理解。我也熟悉一些报纸专栏作家用来描述他们推荐的葡萄酒的简短说明。后来，我开始收集一些关于葡萄酒的词汇，但是我写品尝笔记的第一步却是犹豫不决且简短的。下面是一个例子：

查尔斯·莫顿（Charles Melton）酒庄·西拉　1987
7.49英镑　Oddbins（英国著名葡萄酒连锁店）
饮于1993年5月25日

当我们共享一餐时，我们可以赞美主人："这道肉酱意大利面太棒了！"或者"我真的很喜欢这个牛肉：您是从街角的肉店买的吗？"但是，对食物的评论通常用的是非特定性术语，而且涉及对质量的广泛评估，几乎总是正面的。而我们对葡萄酒评估的看法与此不同。

巧克力味、浓郁的、风味十足的、辛辣的西拉。优秀。

通过阅读我当时做的其他笔记，很明显，我的葡萄酒词汇量很少。

我们关于味觉体验和嗅觉体验的词汇有限，这使得我们描述喝葡萄酒时的感知体验相当困难。但是，有趣的是，我们经常这样做：在葡萄酒行业中，我们总是用文字来分享对葡萄酒的体验。这根本不会发生在食物上。餐厅评论家不会试图描述吃牛排和薯条的感知体验。牛排有牛排的味道，有好坏之分，同样，薯条也有薯条的味道。但是我们总是在谈论葡萄酒尝起来如何。这引起了语言学家的兴趣，他们一直在使用被称为"葡萄酒术语"的方法来研究用语言描述感官体验的方式，稍后再详细介绍。

我自己的经验是，当我阅读别人的作品时，开始慢慢地积累关于葡萄酒的词汇。我所掌握的葡萄酒词汇量不断增加，并且随着词汇的不断增长，我开始发现葡萄酒给我带来了更多东西。我对葡萄酒的描述就像钉子一样，可以固定我的感知，而且由于我更加关注葡萄酒的某些方面，所以看到了更多东西。感知和我们用来描述感知的语言之间的关系似乎是双向的：语言影响感知，也是用于描述感知的工具。

语言能影响我们所感知的事物吗？

语言学家盖伊·多伊彻（Guy Deutscher）在他的《话镜：世界因语言而不同》（*Through the Language Glass*）（2010）一书中，探讨了母语在多大程度上影响了我们的感知。当前，语言学中占主导地位的"本土主义"观点认为，语言是一种本能：语言的基本规律编码于我们的基因中，并且在整个文化中普遍存在。本土主义学派认为，人们天生就有语言工具包，因此所有语言都具有相同的通用语法和基本概念。但是，多伊彻指出，越来越多的研究表明，语言会影响我们对世界的感知。他认为，语言深刻地反映了文化差异。

多伊彻引用了语言来描述颜色。颜色是连续的，那么蓝色什么时候变为绿色呢？如果两个人有不同的语言，对颜色的描述以不同的方式进行分类，那么他们对世界的体验会有所不同吗？如第1章所述，蓝色就是一个恰到好处的例子。

威廉·格拉德斯通（后来成为英国首相）在其三卷共1700页的巨著《对荷马和荷马时代的研究》（*Studies on Homer and the Homeric Age*）（1858）中指出，荷马时代的色彩词汇很少，而且有这样一个事实，蓝色几乎完全不存在。黑色有200次提及，白色100次，红色少于15次，黄色和绿色少于10次。没有什么东西被描述为蓝色。难道只有荷马笔下的希腊人有这种奇怪的色彩偏见吗？不是的。语言学家拉撒路·盖革（Lazarus Geiger）研究了其他文化，发现没有提到蓝色，甚至在描述天空时也没有蓝色。唯一的例外是埃及文化，巧合的是，它是唯一能制造蓝色染料的文化。

语言和感知的关系可以改变，这被称为语言相对论。语言相对论最著名的版本是萨丕尔-沃尔夫假说，以语言学家爱德华·萨丕尔和他的学生本杰明·沃尔夫的名字命名。它指出，我们的思维方式受到我们所使用的语言的影响，并且使用不同语言的人会以不同的方式思考和看待世界。每一种语言代表着不同的现实，因此我们对现实的感知也不同。普鲁士哲学家威廉·洪堡（Wilhelm von Humboldt）也许是第一个提出这一论点的人。他的论点是，既然语言是思维的形成因素，所以思维不仅依赖于语言本身，而且在某种程度上也依赖于个体语言。沃尔夫进一步说到，每一种语言的语法"不仅是表达思想的再现工具，而且是思想的塑造者"。

日本交通灯的"青绿色"是语言如何改变现实的一个例子。国际公约规定交通灯必须为红色—橙色—绿色。在日本，交通灯遵循此公约，但是绿色是一种独特的青绿色。过去，日本使用"ao"一词，意思是绿色和蓝色。但是在现代日语中，"ao"意为蓝色，而"midori"意为绿色。20世纪30年代，当日本出现第一个交通灯时，准许通行的灯是一种常规的西方所指的绿色，并以"ao shingoo"命名。后来，"ao"在日语中变成了蓝色的意思，因此，准许通行的灯的名称和颜色之间出现了差异。解决方案是什么呢？1973年，政府将准许通行的灯的颜色更改为青绿色。

研究人员朱尔斯·戴维多夫前往纳米比亚，对辛巴族进行了一项实验，辛巴族没有蓝色的字眼，他们也区分不了蓝色和绿色。研究人员给他们看了一个有11个绿色方块和1个蓝色方块的圆圈，他们认不出蓝色方块。但是，辛巴语中有很多表示绿色的词，当戴维多夫在一个正方形中改变绿色阴影时，他们就能辨认出来。

这种灯仍然是绿色的，符合国际公约中绿灯表示准许通行，但是在其中增加了蓝色，减少了由 "ao shingoo" 一词造成的混乱，这个词仍然很常用。

对所谓的沃尔夫假设的一种极端解释是，语言决定了思想，而我们的思维受到语言的束缚。

对沃尔夫假说的一种极端解释是，语言决定思维，而我们的思维受到语言的束缚。

现在，人们不再支持这个观点了。有一段时间，由诺姆·乔姆斯基（Noam Chomsky）提出的"普遍语法"概念的本土主义观点占据了上风。但是，这已经否认了语言根本不影响思维这一观点。多伊彻认为，语言反映了文化差异，并且语言确实影响我们对世界的感知，这一观点似乎很有说服力。语言在多大程度上反映了文化，又在多大程度上塑造了文化，这很难区分。两者可能会共同发展。

描述葡萄酒语言的文化差异

用于描述葡萄酒的语言因文化而异。首先，风味参照不同。人们可能会根据自己的期望和知识，在一款特定的葡萄酒中寻找不同的东西。我们需要解决的问题是，对葡萄酒使用不同的描述语言是否会改变对玻璃杯中液体的感知。我猜想，当我们嗅闻和品尝葡萄酒时，我们所有人都有一个差不多相同的体验，至少一开始是这样。只有当我们真正思考这种体验并尝试将其用语言表达时，语言差异才会发挥作用。

哈佛大学科学史教授史蒂文·夏平（Steven Shapin）表示："讨论与个人品尝体验之间的关系一直是个问题。我们对期望的启动效应（背景知识）有足够的了解，知道我们用来交流有关品尝的分类可能存在于皮质水平。它们可能是个人品尝体验中的因果因素。我们对个人品尝体验的描述，至少在某些情况下能够唤起记忆，并有助于形成后续的体验。"

实际上，我们如今谈论葡萄酒的方式是相当新颖的。长期以来，写有关葡萄酒书籍/文章的人往往避免完全描述葡萄酒的实际风

在画廊中看一幅画时，第一眼对我们所有人来说都是一样的。然后，过了一会，我们如何看待这幅画的细节会有所不同。我们注意到哪些细节？我们目光凝视哪里？这幅画给我们的感觉如何？

味，这可能是因为很难将风味体验转化为文字。例如，葡萄酒写作大师之一的休·约翰逊（Hugh Johnson），从来没有真正地去描述真实的葡萄酒。2014年，他在《世界美酒》（*The World of Fine Wine*）杂志上发表了一篇文章，追溯了品尝笔记的发展过程。他认为，19世纪的作家赛勒斯·雷丁（Cyrus Redding）是第一位开始描述葡萄酒的葡萄酒作家，并指出亨利·维泽特利（Henry Vizetelly）在19世纪后期开始进行这项工作。安德烈·西蒙（André Simon）在20世纪接过了这一重任，出版了一百多本关于葡萄酒的书籍。他喜欢拟人化，将葡萄酒比喻成不同类型的人，甚至在某些情况下将其比作树木。另一位著名的作家乔治·圣茨伯里（George Saintsbury）写了很多有关葡萄酒的文章，但是并没有花很多精力描述葡萄酒的风味。20世纪70年代，情况开始发生变化。

2005年，伦敦报纸《泰晤士报》上的一篇文章中，乔纳森·米德斯（Jonathan Meades）尝试了葡萄酒描述中语言的使用方式。米德斯指出，当约翰逊的代表作《世界葡萄酒地图》（*World Atlas of Wine*）（1971）首次发行时，他为品尝笔记提供了不到80个描述词的词汇表。米德斯显然不赞成这种方式，现在，这个词汇表中的词汇量已经迅速增长了：

"葡萄酒酿造的全球化和现在购买葡萄酒的人的类型，导致词汇量大幅增加，已经形成了一种全新的、完全不同的语言。基于圣詹姆斯和圣埃斯特菲确定性之上的旧的语言是一种法典。它和其他任何以自我为中心的专业术语一样，严谨而排外。这种语言在很大程度上已经消失了，淹没在嘈杂的大众语言中，这些大众语言没有被编入法典，而是试图来描述（不是对葡萄酒的品质进行分类）葡萄酒的品质，同样地展现了商人、侍酒师、评论家、嗜酒者、普通饮酒者的语言创造。"

在《葡萄酒品鉴》（*Wine Tasting*）（1968）一书中，著名的拍卖商迈克尔·布罗得本特（Michael Broadbent）详细介绍了如何品尝葡萄酒并对其进行描述。埃米耶·佩诺（Émile Peynaud）随后写了《葡萄酒的风味》（*Le goût du vin*）（1983）一书，得

"如果说早期的文体描述风格在很大程度上是用相对较少的词汇量来描述葡萄酒的颜色、气味、味道和结构，那么20世纪80年代则开辟了一个广阔的新领域，借鉴了整个植物界以及其他领域的描述。"

到了说法语的读者的青睐。但是，随着罗伯特·派克的出现，才发生了真正的转变。派克的评分，加上他生动的品尝笔记，似乎很有用，根据约翰逊的说法，两者都是必要的。"他的秘诀是精力旺盛和献身精神，对葡萄酒纯粹的喜爱和对生活的渴望使得他对葡萄酒的描述非常顺畅，并能引发人们交谈。"约翰逊说，"到了20世纪90年代，空气中到处都是水果味和坚果味。"约翰逊还提到了加利福尼亚大学戴维斯分校的安·诺布尔（Ann Noble），以及她开发出的"葡萄酒香气轮盘（Wine Aroma Wheel）"。葡萄酒香气轮盘将香气分成相关的类别，让葡萄酒专业的学生能够辨认出一款葡萄酒的成分，并对其进行更准确的描述。这个轮盘开始让人们可以自由地用更具体的文字术语来描述葡萄酒。

约翰逊写道："近年来，我们可以看到许多风格上的转变。首先是运用比喻，来弥补有限数量形容词的不足。葡萄酒不再仅仅被描述为淡雅的或精美的，而是描述为"像"柠檬或荨麻一样，或者的确具有博伊森莓或罗甘莓的风味。葡萄酒不仅具有类似水果的风味，这些风味还以一种令人迷惑但又完美地分类混合方式"提供"给葡萄酒。最明显的是，在酒吧薄薄的酒卡上，明显列出了葡萄酒可能具有的风味清单，每个清单都完美地表现出通常来源于葡

对葡萄酒的描述很少：好还是不好？	安德烈·西蒙和乔治·圣茨伯里：有限的葡萄酒描述，通常是比喻式的	梅纳德·阿美瑞恩和爱德华·罗斯勒：现代葡萄酒感官评价法
20世纪之前	20世纪初期/中期	1976年
"葡萄酒能带来极大的愉悦感，每一种愉悦感都能说明其本身就是一款好酒。"威廉·梅克皮斯·萨克雷	"没有葡萄酒的食物是一具尸体；没有食物的葡萄酒是幽灵。"安德烈·西蒙	"通常用来描述一种特定香气或酒香的术语，包括哈喇味、狐臊味，产膜雪利酒。"阿美瑞恩和罗斯勒

萄本身或产地的矿物质味、荨麻味或热带水果风味，最重要的是矿物质味。是谁提出了这种难以捉摸（但现在看来很普遍）的质量分析和描述词？这种情况在葡萄酒中确实存在，但是十有八九的作者只是简单地表示酸度时用来这么描述。

约翰逊还引用到了杰西斯·罗宾逊的观点，他认为罗宾逊比派克的观点更理智一些。这两位属于同一时代的著名人物。"她通常会在清晰的分析中避开模糊不清的东西。"他说，"有时你会觉得她像是在批改试卷。"对约翰逊而言，葡萄酒写作最重要的是对葡萄酒的热爱："一个作家的热情难道不是读者阅读的动力吗？"

学术观点

哈佛大学的史蒂文·夏平（Steven Shapin）写了大量关于我们的葡萄酒语言如何随着时间而改变的文章。

"从古代到16、17世纪，在描述语的类型和精细程度方面，任何时期用来描述葡萄酒的语言都与当今用法是不同的。看一下一名医生在16世纪中叶对在英格兰出售的葡萄酒的调查：在拉丁语中，葡萄酒的风味分为甜味（dulcia）、涩味（astringentia）、干型的（austera）和酸味（acerba），'例如辛辣的（acria）

夏平说，在早期，葡萄酒的主要问题在于其稳定性好不好。稳定性包括诚信，因为许多葡萄酒会掺假。他提到了莎士比亚的一句名言："好酒不用幌"，这意味着好酒不需要这样做宣传，因为人们会认识到它的稳定性并被其吸引。此外，人们认为葡萄酒是有益健康的，优质的葡萄酒因其药用价值而备受重视。

安·诺布尔：葡萄酒香气轮盘	罗伯特·派克：语言更加精美	埃米耶·佩诺：《葡萄酒的风味》	兴起葡萄酒写作和评论：出现描述性词汇
20世纪80年代			20世纪90年代
"新鲜：割断的青草、青椒、桉树、薄荷"安·诺布尔	"我喜欢年轻且充满活力的白葡萄酒。"罗伯特·派克	"酒精的甜味平衡了酸的味道。"埃米耶·佩诺	"葡萄酒风味是淡雅的还是芳香的？清新的还是烘烤的？"葡萄酒及烈酒教育基金会（WSET）

和酸味（acida）等，在大多数情况下，我们从来没有一个合适的英文词语来描述。'与之类似的是17世纪一本名为《葡萄之血》（*The Blood of The Grape*）的书中记载了大致相似的风味清单：'葡萄酒有四种风味：甜味、烈性的、紧涩的和柔和的。'中世纪意大利一些有关葡萄酒评论的范围似乎广泛一些，但是在16、17和18世纪，常见的是四种风味清单，很难找到早期现代作家超出此范围的相关描述。"

我们谈论葡萄酒的一个转折点是加利福尼亚大学戴维斯分校的葡萄酒酿造系在20世纪70年代和80年代所做的研究。1976年，梅纳德·阿美瑞恩(Maynard Amerine)和爱德华·罗斯勒（Edward Roessler）出版了一本葡萄酒感官评价手册。他们的目的是用一组更精确的词汇来代替那些模糊且富有想象的葡萄酒术语，从"强劲""天然""和谐"和"张扬"之类的词转变为一种在本质上更具分析性的标准化词汇。

在葡萄酒行业工作的大多数人都接受过某种培训，通常需要参加考试，要求他们对葡萄酒进行盲品分析和鉴别。例如，葡萄酒及烈酒教育基金会（Wine & Spirit Education Trust）有一个系统葡萄酒品尝方法（Standard Approach to Tasting，SAT），它为学生提供了一个帮助其分析葡萄酒的结构。这是一个很好的开始，但是每个人都应该以同样的方法来品酒吗？

安·诺布尔开发的葡萄酒香气轮盘是推动"葡萄酒术语"朝着更科学、更严谨的方向迈出的重要一步。这个轮盘由三个用于表示葡萄酒香气的同心圆环组成。中心圆是广泛的嗅觉分类，例如木头味、泥土味、花香、草本味。更具体的子类别位于中间圆，而实际的气味位于外圆。香气轮盘的设计是为了克服识别气味并将其转化为文字的困难。夏平将其形容为"主体间引擎"。这个轮盘为葡萄酒专业的学生提供了一个词汇库，使他们能够以一种似乎更加客观、更加可重复的方式来品尝葡萄酒。轮盘给人的印象是客观的，但并没有表现出十足的客观性。

阿美瑞恩和罗斯勒的工作被诺布尔等人加以扩充，对20世纪葡萄酒行业的发展产生了深远的影响。它鼓励人们放弃想象性语言，而使用更有条理的语言。尝试关注葡萄酒中的实际成分，这为形成一种更科学的葡萄酒品鉴方法奠定了基础。葡萄酒在全球范围内越来越受欢迎，这在很大程度上归功于商业葡萄酒的越来越大众化，无论是在包装方面（例如，品种标签），还是在风味方面（更清新，更强调受人喜爱的果香）。具体来说，我们有兴趣考虑一下，葡萄酒之所以越来越受欢迎，在多大程度上是由于葡萄酒行业和消费者谈论葡萄酒的方式发生了变化。然而，也有不利的一面。葡萄酒的通用语言是非常有效的，因而形成了方法的统一性，这可能会延缓葡萄酒的进一步发展。

葡萄酒原型

经验丰富的品酒师带着一套葡萄酒描述词汇来品酒。当我们品尝时，已经预先准备好了一组描述词。例如，我们可能知道该葡萄酒是长相思，或者可能从第一次品尝（如果是盲品）中猜测它是长相思。因此，有经验的品酒师首先会问，这是哪种葡萄酒？然后，我们在无意识的情况下，把该类型葡萄酒的词汇表汇集起来。对于长相思，我的描述语包括青草味、青椒味、葡萄柚味、醋栗味、柑橘味、草本味、番茄叶味、黑加仑味和橙皮味，更笼统的描述语包括刺激的、清新的、活泼的、清晰的、集中的以及清凛的。所以，我尝了尝葡萄酒，然后下意识地选择一系列我认为最接近在这款葡萄酒中品尝到的东西。最后，将其记录到我的笔记中。

当然，我们认为自己正在描述葡萄酒中有什么。然而，专家很少这么做。这似乎是许多初学品酒的人采用的方法。根据我的经验，新手会发现写品酒笔记非常难，他们偶尔能识别出葡萄酒中的一种气味或味道，但这种气味或味道不包括在这类葡萄酒的正常葡萄酒词汇中，但是一旦我们感觉到这种气味或味道，它肯定在葡萄酒中存在。但是有时候，在我的品酒笔记中很难使用这些非典型的描述词，因为它们不是描述葡萄酒的葡萄酒行业"术语"。

在第2章中，我们看到了颜色是如何对专家用来描述葡萄酒的词汇产生强大影响的。这被称为感知偏差，专家特别容易出现这种情况。吉尔·莫罗特和温迪·帕尔的研究表明，专家对一款葡萄酒的了解，无论是葡萄酒的颜色还是看到酒标，都会让他们忽视自己的实际体验。相反，专家允许他们的思维（认知）以一种自上而下的方式进行，掩盖他们对葡萄酒的感知。当品尝葡萄酒时，我们预测葡萄酒是什么样的，然后我们脑海内关于这款酒的感受指引我们

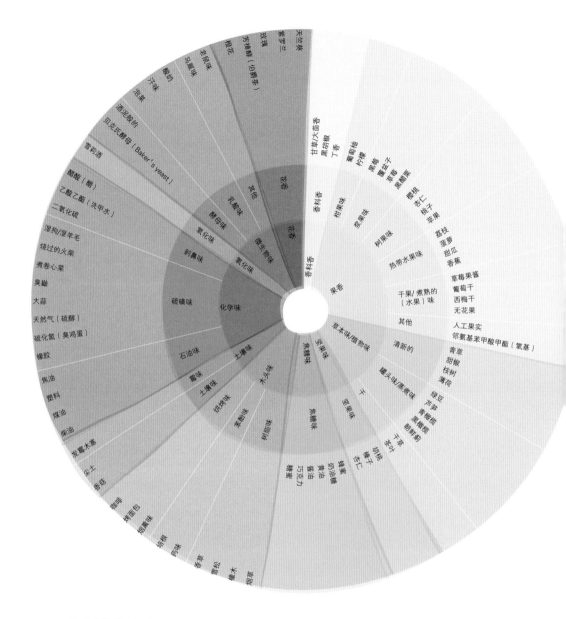

葡萄酒香气轮盘

　　这个轮盘是安·诺布尔教授设计的（经许可复制），提供了一组描述词，使葡萄酒品尝者能够将自己对葡萄酒的感知转化为文字描述。使用该轮盘时，请从中间开始，将通用术语与所讨论的葡萄酒匹配，然后再转到更具体的外层术语。

所要找的东西，甚至影响我们的体验。

我的一位同事，饮料行业杂志《品酒》（*Imbibe*）的编辑克里斯·洛斯（Chris Losh）说了一些有趣的事情，他认为结构化的品尝笔记并不总是描述饮品的最佳方式。他回想起一次会议，他与一些调酒师一起品尝威士忌，这些调酒师从未受过葡萄酒品评方面的训练，对于洛斯提出的问题，他们写下了截然不同的笔记。

"从笔记上来看，我的笔记很可靠，但是非常乏味。他们的笔记混乱、毫无规律且充满灵感。我仍然记得其中一个人对一款12年纯麦威士忌的描述，'像是在某个春天的早晨漫步在一个满是露珠的花园里'，这句话绝对能说明这款产品，而且至关重要的是，它让我很想喝这款酒。我认为这就是问题所在，我们写品尝笔记的结构化方法在于消除品酒过程中的本能反应，或者至少将其消除到最小，使我们能冷静地分析判断，不受感情的干扰。"

尽管结构化的品尝方法已经取得了很大的进步，但是在专业人士的品酒笔记中，失去了对于真实的葡萄酒的一些东西。人们开始寻找用语言表达我们对葡萄酒体验的最有效方式。著名的美国葡萄酒评论家马特·克莱默（Matt Kramer）出版了一本简短的书，名为《真味：七个基本葡萄酒词汇》（*True Taste：the Seven Essential wine Words*）（2015），它更像是一本宣言册或小册子。在这本书中，他鼓励我们摆脱对风味识别及描述的迷恋，转而使用更全面、更深思熟虑、更主观、能更好地描述葡萄酒质量的术语。他写道："现在，太多的品尝笔记只能提供一系列充满想象的风味描述词，只有分数本身（风味描述结束后，说一声数字化的'谢谢您，女士'）才能反映出评判结果。"克莱默的七个首选词汇是洞察、和谐、质感、层次、细腻、惊喜和细微差别。

使用文字分享感知

当阅读一种语言时，我们会将视觉感受上的比划转换成文字。当我们看到这些文字时，这些视觉刺激就引发了一定的感受。想想一封情书、一条不怀好意的推文或一项税收要求：视觉感受立即激发了一种情感反应。在葡萄酒写作中，情况恰恰相反。我们从一种风味引起有意识的感知开始，在其中加入我们的记忆和学习，然后将产生的情感反应转化为纸上的文字。我们希望这些文字能够以某种方式将我们的感知传达给其他没有尝到葡萄酒的人。我们试图以尽可能显而易见的方式分享我们的个人感知。但是，最有效和最合理的方式是什么？我们应该在葡萄酒的描述中加入比喻性语言吗？因此，我们转向了认知语言学领域。

不久前，埃内斯托·苏亚雷斯·托斯特（Ernesto Suárez Toste）、罗萨里奥·卡瓦列罗（Rosario Caballero）和拉奎尔·塞哥维亚（Raquel Segovia）进行了一项名为"翻译感官：葡萄酒话语中的比喻性语言（Translating the Senses：Figurative Language in Wine Discourse）"的研究。该项目初始阶段从英国和美国的一系列出版物（《葡萄酒倡导者》《葡萄酒观察家》《葡萄酒爱好者》，葡萄酒新闻网，Decanter世界葡萄酒大赛和英国著名酒评家杰米·古德博士的酒评网站（Wineanorak.com）中收集了12000份品酒笔记。文本通过剪切、粘贴并且删除了所有额外信息，创建了一个数据集。标记出所使用的比喻类型，然后用一个索引来搜寻每一个任何感兴趣的比喻类型的情况。

我们使用比喻是因为我们缺乏描述味道和气味的语言。"由于没有一个单一的词汇具有表达涵盖所有感官印象的潜力，因此，感官体验的理性化与语言的比喻用法密不可分。"苏亚雷斯·托斯特（Suárez Toste）解释说，"就人类生活的这些领域而言，如诗歌，这是没有问题的，但是审视技术话语时，我们会发现感官体验固有的主观性会带来无数的困难。"

那么以前优秀的品酒笔记呢？"这在很大程度上依赖于一系列的术语组合，这些术语清晰地表达了品酒师对香气、风味、内涵以及最重要的比喻性语言的记忆，尽管外行人可能将其视为晦涩的表达，但是这是一种有价值的工具，它有助于（仅部分符合要求）交流品酒体验。所使用的词汇包括各种比喻现象（联觉、转喻、比喻），都是清晰表达一种内在感官体验必不可少的工具。"

为什么要使用比喻?

　　苏亚雷斯·托斯特及其同事将这些比喻性的葡萄酒描述分为不同的类别，比如葡萄酒像一种生物，葡萄酒像一块布，葡萄酒像一座建筑。这样的描述可能看起来很可笑，但是这些比喻是必要的。我们想用一种更精确的方式，用语言来分享我们对葡萄酒的体验，但是这种精确度是无法达到的。此外，品酒师如果仅局限于所命名的香气和风味，就很容易无法表达出葡萄酒特性中一些更重要的方面，比如质感、结构、平衡性和优雅性。苏亚雷斯·托斯特解释了比喻的极其有用之处："目前，我们痴迷于葡萄酒的结构和口感，这些通常需要建筑和纺织物方面的比喻。读者对葡萄酒好奇的一个原因是，一款葡萄酒在相同的品尝笔记中被描述为天鹅绒般丝滑。当然，这些术语是彼此独立的。其理念是，两者是对一种纺织物比喻的不同认识（但这几乎等同于是评论家的认识）。它们的含义为平滑的、昂贵的、清新的丝滑感（更多用于描述白葡萄酒）、温暖的天鹅绒（在红葡萄酒中更常见），但本质上是一样的。这仅仅是刚开始品尝的感觉。与那些无意识描述出的纺织物比喻词汇相比，具体物质的描述则显得枯燥乏味：这款葡萄酒毫无破绽；这款酒风味突出；水果味被单宁掩盖了，酒精度高；核心的单宁被层层水果味包围等等。"

　　其他一些人研究了葡萄酒的认知语言学。研究员伊莎贝尔·内格罗写过关于在葡萄酒品评中使用法语的文章。她注意到法语中描述葡萄酒时大量使用联觉，并认为这是因为在法国葡萄酒术语传达了一种在品酒中使用所有感官的文化观点。与英国葡萄酒术语相比，法国葡萄酒术语具有一个独特的特点，那就是聆听。"品酒可以比喻为聆听音乐创作，有音符、音区、和声、终乐章以及其他的比喻性表达。"内格罗说，"这是法国术语的一个特殊特点。"

　　在所有这些讨论之后，什么是优秀品尝笔记，什么是差的品尝笔记？这在一定程度上取决于笔记的目的。他们是否试图描述一款葡萄酒，以便人们能够根据笔记中的描述辨认出这款葡萄

内格罗统计了在法国葡萄酒描述语中所用的各种类型的葡萄酒比喻。最受欢迎的比喻是拟人化术语描述葡萄酒（476）。第二个最常见的比喻是联觉（147）。其次是将葡萄酒比作食物（70），然后是比作衣物（45）、物体（31）和建筑物（28）。

酒？还是他们试图捕捉一些更卓越、更感性的东西？葡萄酒给我们创造了一种体验和情感，我们试图用笔记来表达，而不仅仅是描述葡萄酒风味分子的感官体验。

道格·雷格是英国进口商（les caves de pyrene）的一名葡萄酒采购员，他谈到品酒笔记时说道："品酒笔记可以是客观分析的事实重现（考虑到客观现实的局限性），或者它们可以超越这一点，在品尝葡萄酒的过程中捕捉葡萄酒的精神以及品酒师的精神。"他说（我们可以假设他指的是那些首先真正值得谈论的葡萄酒），"品尝葡萄酒必须要与品酒师对话，其中必然有使其超越商业品质的某种内在的东西。"

雷格认为品酒是一种体验，它能触发一个非凡的时刻，把我们带到另一个地方。他借用了华兹华斯的术语，将写好品酒笔记比作写诗："只有当'平静地回忆起'这种情感时，诗人（作家）才能恰如其分地将其用文字表达出来。诗人（作家）有必要与所描述的事情或体验保持一定的个人距离，以便他或她能够写出一首诗（一份品尝笔记），向读者传达出同样崇高的体验。有了这样的距离，诗人就能重现其内心所产生的'强烈感情自然流露'的体验。"

雷格不喜欢人们在一次会议中品尝一百种或更多种葡萄酒的品酒活动，为花费时间坐在品酒小组中而后悔。"我对把葡萄酒单纯地当作一种商品而感到失望，葡萄酒的存在似乎总是在被评判，而不是被理解。"他说出了自己的喜好："在现实生活中，我和朋友喝酒是为了搭配食物。如果一款酒引起了我的注意……我会在那时只写下几个词，提醒自己以后再品尝记录。看着这些词，我就能想起当时的品酒体验。"但是雷格承认："当然，葡萄酒最初的直接性体验会根据自我意识调解，随着时间的推移而过滤，最终由于语言不精确使体验描述比较粗化。品尝和饮酒的兴奋永远无法真正重现——这是令人陶醉的酒神时刻，在统一的阿波罗反应中重现。"

雷格总结道："美有无数种形式，优质的葡萄酒能激起强烈的反应和诗意的冲动，它使人们探索超越其正常反应的极限，使人们谦逊、慷慨。在品尝时，有一个反应灵敏的味觉是值得欣喜

"通常，我向往一种能让我的品尝体验立即转化为音乐的动觉，这是一种比语言更纯净、更流畅、更纯粹的感觉。虽然隐约意识到那里有一个潜在的旋律，但是我没有掌握音乐词汇和简谱技巧，所以我没有把它们列成表格，而是试着让自己敞开心扉，接受各种感觉，凭感觉记下当时的反应，记录那些我脑海中产生的与之相关的 （看似无关的）词汇。"

道格·雷格

的，尽管它会把这种体验提升到一个新的高度，并予以反馈，但这是很美妙的。"

困扰我们的一个问题是，我们很难用语言来命名气味和风味，甚至是熟悉的气味。试验表明，在功能正常的人身上，只有20%~50%的常见气味被正确命名（视觉辨别的成功率接近100%）。人们可以分辨出气味之间的不同，但是无法将其与正确的词语相匹配，尽管在其他情况下，这些词语是完全清晰明确的。

乔纳斯·奥洛夫森及其同事认为，我们在嗅觉命名上失败，是因为在从气味输入到语言输出的多个处理过程中，信号质量不断下降。从神经生物学的角度来看，正是嗅觉系统的功能组织使我们很难将气味与名称对应起来。在一组实验中，奥洛夫森及其同事向受试者展示了嗅觉和视觉线索，然后是词语，同时扫描了他们的大脑。他们所关注的是受试者的反应时间，这通常由语义符号不一致决定，即线索是否与词语相匹配。在这个实验中，当人们将一个词语与一种气味而不是一张图片进行匹配时，他们的反应更慢，也更不准确。他们还研究了大脑的哪些区域被激活并得出结论，气味的处理方式和词语的联系截然不同。奥洛夫森说："我们很难将气味和词语联系起来，这与大脑的结构有关。"

丰富而专业的气味词汇

但是这个观点受到了荷兰拉德堡德大学的一名研究员阿西法·马吉德（Asifa Majid）的质疑。她研究了两类依靠狩猎和采集生活的人：马来西亚的海族人（Jahai）和泰国的曼尼科人（Maniq）。这两类人形容气味的词汇量比西方人多得多，他们对于气味体验有确切的描述词汇（而不是使用"闻起来像……"这样的句式来描述）。马吉德和她的同事尼克拉斯·布伦浩特（Niclas Burenhult）测试了10位马来西亚的海族人和10位以美式英语为母语的人。研究发现，与西方人不同，海族人对气味的命名与其对颜色的命名同样准确，甚至更加精确。说英语的人使用的是基于来源的描述，而不是海族人所喜欢的抽象的、基本的气味术语。这些基本的术语

我们闻到的大多数气味都是混合的，正如前面几章所讨论的，我们往往把不同气味的模式混合在一起，将其作为一种混合气味，而不能从混合气味中分辨出个别气味的特征。人们无法在混合气味中识别出四种或三种以上气味。也许，正是气味客体在大脑中的呈现方式使得气味和词语的匹配变得困难。

并非来自单一来源，而是与一系列广泛的客体有关。马吉德认为，这是英语在某种程度上所缺乏的东西。她说："对于海族人而言，文化上对气味的偏爱与语言中对气味的高度可理解性是一致的。"

那么海族人和曼尼科人更擅长描述葡萄酒吗？马吉德不确定地说道："我认为区分日常词汇和特定类型的词汇很重要。说英语的人对颜色（红色、绿色、蓝色、紫色）描述有一个日常词汇，但视觉艺术家会使用更加具体的词汇来谈论颜色的特定色调，例如，伊夫·克莱因（Yves Klein）的国际克莱因蓝（International Klein blue）。同样的，尽管海族人和曼尼科人有一种精巧的气味词汇，但是那是对于他们日常接触的气味而言的。这些一般性的术语可能不够精细，不足以涵盖一款葡萄酒的所有细微差别，就像我们的基本颜色词汇，可能无法涵盖艺术家调色板上的细微差别。这是一个经验性的问题：我们还没有试验过。"

框架和品酒：语言如何成为障碍

"框架"是一个社会科学术语，指的是影响我们如何思考某些问题的背景概念和观点。从这个意义上说，框架是我们看待世界的叙事结构中的一部分。美国作家乔治·莱考夫（George Lakoff）在他的《别想那只大象》（*Don't Think of an Elephant*）（2004）一书中推广了这个词，在书中他研究了某些词语和思想如何形成美国的政治话语。例如，他主张"减税（tax relief）"一词具有一种很强的框架影响："'relief'一词使人联想到一个框架，在这个框架中，我们确定有一个无可指责的受苦之人，他有一些悲楚、一些痛苦或受到一些伤害，这些痛苦或伤害是由某种外部原因造成的。'relief'就是带走痛苦或伤害，是通过缓解某种痛苦而实现的。'relief'框架是一个更普遍的救援场景实例，在这个场景中有一个英雄（解除痛苦者）、一个受害者（受苦之人）、一种犯罪行为（痛苦）、一个恶棍（造成痛苦之人）以及一种救援行为（解除痛苦）。英雄的本性是善良的，恶棍是邪恶的，获救后的受害者应该感谢英雄。"

这如何适用于葡萄酒？词语的使用与我们的经验密不可分，

即使是葡萄酒的名字，或者酿制葡萄酒的葡萄，也具有补充意义，即框架，它会影响我们的品酒体验。例如，我有一个朋友说她讨厌琼瑶浆（Gewürztraminer）。对她来说，琼瑶浆这个词意味深长，每一次对琼瑶浆的体验，都有一种来自其名称的框架效应。如果她盲品了一瓶琼瑶浆，不知道它是用这种葡萄酿造的，就不会有这种框架，她会更自由地享受这款葡萄酒。

每个人接触葡萄酒都要用到语言，而语言会影响对葡萄酒本身体验的解读。因此，一旦我们脑海中有了"琼瑶浆"这个词，就很难不让其影响我们对酒杯中葡萄酒的感知。我们的语言会干扰我们的实际体验。对于像我这样的葡萄酒专家来说，这是一个警告，因为我们对不同风格的葡萄酒都有模板描述，当我们知道（或者认为我们知道）我们正在品尝的是哪种类型的葡萄酒时，我们很容易匆忙地去看这些模板描述。

事实上，一些研究人员认为，我们过快地转向语言描述，而不是停留在感官体验上。多伦多约克大学的博士研究员梅兰妮·麦克布莱德（Melanie McBride），致力于研究嗅觉和味觉的跨感官学习。"嗅觉在学习中占主导地位并且认为嗅觉是体验的一个重要维度，在这样的文化中，它们拥有更多的嗅觉语言/词汇，因为这对它们来说是具有一个更高的优先级，"她解释道，"在西方，诸如伯爵（Piaget）的年龄和阶段之类的发展心理学理论仍然主导着我们的思维，我们认为物理知识是我们要摆脱并'融入'社会知识的低级阶段。"

麦克布莱德的观点是，在我们的文化中，我们摆脱了感官体验本身，并直言不讳。对于葡萄酒品评来说，意义是显而易见的。我们直奔葡萄酒术语，这扭曲了葡萄酒口感与气味的体验。因此，下一次品尝葡萄酒时，在匆忙写品尝笔记之前请先暂停一下。不要去分析葡萄酒，阻止那些字眼在脑海中形成，关注实际的口感、质地、气味和风味。留出时间让葡萄酒绕开您的批判能力并与您交流。然后，只有这样才能做到。这将是一种可能让您更加喜欢葡萄酒的不同体验。

梅兰妮·麦克布莱德举了一个吃草莓的例子："作为小孩，我们要阻止自己把草莓抹在脸上，然后塞到嘴里，因为人们认为，与使用语言、符号和记号相比，这是一种更低级、更幼稚的知识交流方式。因此，当感觉阶段被病态地描述为幼儿时期时，我们基本上就停止了本应该继续的学习过程。"

第9章

品酒是主观的还是客观的

在著名的葡萄酒评论家中，常常会发现一种引人注目的双重思考。如果有人问他们，他们几乎无一例外地肯定，品酒是一个主观的过程：你自己的味觉应该是你的判断依据，当品尝葡萄酒时，没有所谓的"错误"。然而，很明显，他们相信品酒是一个客观的过程，在这一过程中，他们的专业知识使其比我们更有优势；他们是具有专业知识的人，我们需要为获取这些知识付费。本章探讨了关于葡萄酒品评客观性和主观性的各种说法。

说一套做一套

我们想象一个典型的场景，一位著名的葡萄酒品评家正在给消费者做报告。最后，活动进入了每个人都品尝葡萄酒的阶段，人们开始嗅闻和品尝玻璃杯中的葡萄酒。"你感受到了什么？"她问，但是她觉察到听众有点太过紧张，不敢说出对自己所品尝葡萄酒的真实想法。这种情况经常发生：人们可能有点害怕葡萄酒：他们不想自己看起来很愚蠢，而且他们会因为缺乏专业知识而感到尴尬。她安慰说："你喜欢什么就喜欢什么，这都是主观的，不要让别人告诉你应该更喜欢哪种葡萄酒，葡萄酒品评是个性化的。品酒没有对错之分。"

他们都放松下来，开始喝酒。谈话声越来越大，倒的葡萄酒也越来越多，到了晚上接近尾声的时候，气氛变得有点喧闹。但就在结束之前，这位葡萄酒评论家起身做了一个推销，鼓励听众购买自己的书，订阅自己的时事通讯。她的业务是推销关于葡萄酒和特定葡萄酒专业评级的知识，这些知识本质上是为了告诉人们他们应该（或者极有可能）喜欢什么样的葡萄酒。所以究竟葡萄酒的感知是否具有客观性？我们许多写葡萄酒相关文章的人都说过一件事，葡萄酒鉴赏是主观的，但是其举止却表现出葡萄酒鉴赏好像完全是客观的。

伦敦大学的巴里·史密斯教授对风味感知很感兴趣："所有伟大的葡萄酒评论家都在不停地告诉你一些东西，然后他们说，当然品尝是主观的，它完全取决于个人的意见。然后他们会告诉你哪个年份的葡萄酒比另一个年份好，哪个酒庄更好。我觉得……我认为这完全是主观的，是见仁见智的。那这只是自我感知吗？如果是这样，那我为什么要特别关心你们的观点呢？"史密斯并不认为葡萄酒评论家真的相信葡萄酒品评是主观的："我注意到，他们所说的（官方说法）和他们实际所做的之间的冲突，他们所做的是对哪些庄园更好、哪些酒庄酿造的葡萄酒更好、哪些年份的葡萄酒更好等进行评级并给出非常规范的说明。所以，他们对此有非常明确的判断。"

哈佛大学科学史教授史蒂文·夏平说："在现代，假设我们唯一合理的任务是形成我们自己对葡萄酒品质的评估。这是感官层面上的民主，它是主观的个人主义，被提升为一种道德原则。即使在20世纪50年代，美籍俄罗斯裔葡萄酒商人亚历克西斯－荔仙（Alexis Lichine）——他本人为葡萄酒交流的多样化做出了贡献，据说他的味觉传奇般地精准——了解一个通俗的规则：'喝你最喜欢的葡萄酒。相信自己的味觉，不要听别人说你应该喜欢什么葡萄酒。'听从别人的味觉是不合理的：既然你有自己的判断能力，为什么还要听从于别人的权威呢？"

喜欢与风味感知

巴里·史密斯（Barry Smith）同意上面的观点。他还认为，在喜欢和风味感知之间做出区分是很重要的，葡萄酒评论家并不总是能成功地做到这一点。他认为："对于他们的喜好，你可能会说，他们混淆了对一款葡萄酒的风味感知和纯粹的享乐性评价（喜欢或不喜欢）……我认为，当评论家说这都是主观的，他们其实是在说你的喜好是主观的。但是，喜好和感知之间肯定有区别。例如，我不明白，为什么评论家不擅长这样说：这是一款非常好的绿维特利纳（Grüne Veltliner）或这是一款最好的中干型雷

"许多普通的品尝者认为，品尝的全部意义在于得出一个结论：赞成或反对。如果你给别人品尝一款葡萄酒，然后问'你觉得这款酒怎么样？'，他们说'我很喜欢它'或者'我不喜欢它'。你会想：我不是问这个，我是问你觉得这款葡萄酒怎么样？不是说，这款葡萄对你来说怎么样？除此之外，你能告诉我更多关于这款葡萄酒的信息吗？你注意到了什么？发生了什么？"

巴里·史密斯

司令（Riesling），但是该款葡萄酒并不适合我。为什么他们不能将质量判断与个人喜好判断区分开？在我看来，这是可以的。你知道人们对这款葡萄酒的期望以及其质量所能达到的程度：它是否达到了这个程度？是的，它达到了，但是这不合你的口味。"

如果品酒完全是主观的，那么每一个关于葡萄酒的观点都是同样正确的，而专业知识几乎没有价值。每个人都是自己的专家，评论性建议是个性化的，因此也是多余的。关于品酒的主观性和客观性讨论并不是完全抽象的，但是究竟为什么要讨论葡萄酒鉴赏中的主观性和客观性呢？我认为，我们对葡萄酒评价理论基础的理解应该尽可能准确，这一点很重要，即使这会让葡萄酒看起来更加复杂。人们参加葡萄酒品评类的考试，这些考试可能会对他们的职业生涯产生重要影响。那些设置考试的人的假设很明显，葡萄酒品评是由专业人士进行的，是一种客观的实践。这对所有品酒师都有影响。

主观性论据

在前面的章节中，我们已经看到了大脑如何产生风味感知。我们还讨论了现实本身的性质，以及我们对周围世界的看法实际上是一个模型的理论，该模型受现实启发，但是并不与现实相对应。我们还讨论了风味感知方面的个体生物学和文化差异，这些差异可能导致人们对同一款葡萄酒的体验不同。所有这些考虑是否打消了客观性的可能性？

首先我们看看神经学家戈登·谢伯德（Gordon Shepherd）在其著作《神经品酒学：大脑如何创造出葡萄酒的味道》（*Neuroenology*：*How the Brain Creates the Taste of Wine*）（2015）中对食物的看法："风味不是存在于食物中，而是由大脑从食物中产生的。这与其他感觉系统有明显的相似之处。例如，在视觉中，颜色不存在于光的波长中，颜色是由视觉通路中的神经处理回路通过波长而形成的，其中包括颜色对立机制的中心环绕作用。同样地，疼痛也不存在于产生疼痛的介质（如一个大头针或某种毒素）中，疼痛是由痛觉通路中的神经处理机制和回路，以及情绪中枢回路共同引起的。"

从这种观点推断，一款葡萄酒的风味并不是葡萄酒本身的一种属性，而是葡萄酒和品尝者之间相互作用的结果。这种风味只存在于品尝者大脑大量处理之后有意识的感知之中。

生物体进化出了对化学物质的敏感性，因为对它们来说，能够以某种方式对环境中的化学物质作出反应是有好处的。最初，细菌进化出例如像鞭子状的鞭毛，以这种方式使其移向或远离环境中的化学物质。几千年后，人类和其他动物进化出更复杂的化学感觉。人类对风味的感知是进化的结果。对我们来说，嗅闻和品尝化学物质是有选择性的，因为我们能够闻出来、尝出来它们。化学物质的风味是我们赋予它们的一种属性。

因此，品尝葡萄酒时，我们所体验的是一个在我们大脑某处产生的感知结果。这一结果是由葡萄酒的化学特性引起的，但

想想数百万年前，动物进化之前的地球。我们现在所称的风味化学物质在那时已经存在了，但是在动物进化之前，它们有感知到风味吗？比如说，盐的味道是盐的一种属性吗？在动物进化之前，盐是不可能有味道的，海水也不会有咸味。这是因为咸味是人类感知的一种属性，而不是海洋本身的属性。

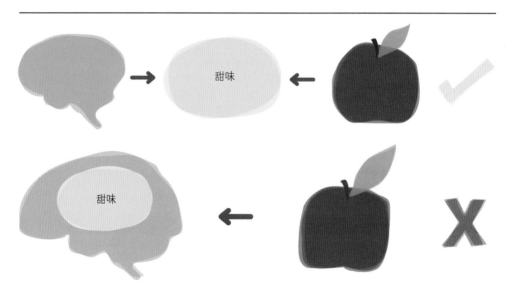

风味不是大脑创造的

为了保持客观性，一些人认为我们在化学物质和感知之间有一个层次，即风味。这是主观感知某个东西的一个客观属性。

这是我们对感官所获取的信息通过潜意识和有意识的处理而体现的。我们两个人一起品尝葡萄酒时，不可能有完全相同的体验，因为我们每个人的基因不同，过去品尝葡萄酒的经历也不尽相同。这两个因素都有助于形成我们当前的体验。从这些观点可以看出，品尝葡萄酒的体验在很大程度上是主观的。

巴里·史密斯长期以来一直思考品酒的主观性和客观性问题，他同意葡萄酒感知是主观的这一观点。"是的，这是主观的，而且是可变的。"他说，"不仅个体之间的感知不同，而且一个人在不同时间和不同条件下的感知都是可变的。"但是，史密斯不认为主观性的存在就排除了葡萄酒风味中客观性存在的可能。他证明客观性观点的方法是在葡萄酒的成分和感知之间引入一个中间层次：

"我想说的是，这里有很多化学成分（挥发性和非挥发性成分）。人们常常从谈论化学成分到谈论我们对葡萄酒感知的巨大差异。他们问：我们怎么能获得从化学成分到所有这些感知差异的规律？这意味着没有客观品尝这回事。我想说的是，这需要一个中间层次。我们需要介于化学成分和可变感知之间的一个层次，这就是风味。"

风味：介于化学成分和感知之间

史密斯进一步阐述了这个理论："风味是自然而然产生的特性：它们依赖于化学成分但不能被化学成分复原。然后，我们对这些风味的感知不同，并且试图抓住稍纵即逝的风味。每个风味感知都是该风味的一个抓拍。我们甚至不想将其视为静态的，我们希望把风味特征看作是随着时间的推移而发展和变化的。"

史密斯假设这种风味模型是一种存在于一个中间层次的变化实体，就像一个由感官储存数据供大脑的感知系统进行评估的竞技场，他阐明了这个想法的含义。

"现在，有了这个中级层次，你就有两项艰难的工作，而不是一项。第一项任务是，化学组成与所形成的风味之间有什么关

"作为一名专业的品酒师，你会在每次品尝中抓拍，并试图弄清该葡萄酒的哪些风味特性将会随着酒龄的增长而持续存在或变化。如果温度降低或升1~2℃，该葡萄酒尝起来如何？你进行了预测，然后可以稍作验证，之后说，我是正确的：我认为这款葡萄酒需要在醒酒器中多放1小时，并且需要再升高1度，那么它就会像这样变化。你要预测的就是风味。这依赖于化学成分，而不能被还原成化学成分。"

巴里·史密斯

系？第二项任务是，风味和个体风味感知之间的关系是什么？这两项工作需要独立完成，并且同时完成。有了这个中间层次，你就可以说明化学组成如何影响风味，我作为一个品尝者的个体体验是如何锁定风味的？不要试图从化学组成直接到感知：你需要这个中间层次。"

因此，对史密斯而言，风味的感知包括三个不同状态或现实之间的相互作用。第一种状态由葡萄酒的化学特性组成。这些是客观的属性：我们可以测量葡萄酒的化学成分，当我们一起品尝一款葡萄酒时，我们每个人玻璃杯中的酒具有相同的化学成分，并且其中一些化学物质具有味道和香气。

第二种状态由葡萄酒的风味组成。这也是葡萄酒的一个客观属性，因为这些风味活性化学物质加在一起共同形成了葡萄酒的风味。在这里，史密斯的理论立即引起争议，因为并非所有人都认为葡萄酒的风味可以是客观的。这一理论的反对者认为，风味作为一种客观存在，不能脱离感知主体而存在，因此它不是一种客观属性。

第三种也是最后一种状态，我们自己对风味的感知。这是主观的，因为我们每个人都有不同的生理特征和一系列不同的经历。风味感知是主观的，这是因为感知的方式是对现实建模。由于我们对现实的建模方式不同，因此不可能对一款葡萄酒的风味有一个严格的客观感知。然后，我们的注意力必须转移到我们的感知与葡萄酒风味之间的关系上。具体而言，我们的主观感知与葡萄酒风味的客观属性之间的一致程度如何？

这里的巧妙之处在于创造性地提出了第二种状态，葡萄酒的风味与其化学成分截然不同。第二种状态的提出使我们能够将葡萄酒的风味视为一款葡萄酒的客观属性，这完全不同于个体感知。这就解决了前面提到的基本矛盾：鼓励人们相信自己对葡萄酒的主观反应，然而葡萄酒行业的每个人都表现出似乎葡萄酒评估在很大程度上是一个客观过程的状态。

在葡萄酒行业中，客观性实际上被视为一种假定的事实。我们参加授予奖牌或评分的葡萄酒比赛；我们分享通常附带评分的品酒笔记；我们参加葡萄酒考试，其中品酒是考试的一部分；我们出售我们的专业知识；我们向其他人推荐葡萄酒；我们讨论一起品尝的葡萄酒。所有这些都说明，品酒不是一件主观的事情。

寻找"客观风味"

关于品酒方法的讨论告诉了我们什么？我给自己倒了一杯葡萄酒，用鼻子闻了闻，然后喝了一口开始沉思。我试图通过问询来"了解"这款葡萄酒。我反复回想，葡萄酒向我展示了什么。有时候，这款葡萄酒尝起来比其他时候更清澈，向我展示了更多的东西。一直以来，我的行为都表明，我相信这款酒有我想要评估的风味。所有这些表明，我认为葡萄酒的风味是葡萄酒的一个客观属性。根据史密斯的三部分模型，风味在葡萄酒中，我们在品尝中"了解"这种风味。根据该模型，只有第三阶段的感知是主观的，这有助于我们理解风味感知中的个体间差异。

如果要避免在品尝葡萄酒时陷入主观性的僵局，最好记住另外两个注意事项。首先，我们的葡萄酒知识会影响自己的风味感知。其次，我们的味觉具有适应性，能够学会欣赏新的风味。在很大程度上，我们在一个共享的审美体系中拥有共同的葡萄酒知识。这种共同的、主体间的知识帮助我们克服了我们永远不可能拥有完全相同的风味体验这一现实所造成的一些困难。

在前一章中，我们追溯了葡萄酒的语言随着时间的推移而变化的方式。加利福尼亚大学戴维斯分校的葡萄酒酿造系在20世纪70年代和80年代所做的工作，以及葡萄酒香气轮盘的发明带来了巨大的飞跃。这导致了从整体的比喻性术语（试图捕获整个葡萄酒及其对品尝者的情感影响）转向了一种更加精确的语言，其侧重于葡萄酒中的实际成分。人们的焦点从葡萄酒对品尝者的影响转移到了葡萄酒的化学成分上。突然，品酒记录具有了客观性。语言已经从单纯的主观性转变为一种更加科学、听起来更加精确的语言。随着葡萄酒评论家的崛起，以及评估葡萄酒质量的100分等级制度的发展，这种情况得以延续。例如，100分的评分有望比五星级的评分系统更精确、更客观。在史蒂文·夏平的文章《葡萄酒品尝：走向文化历史》（*The Tastes of Wine: Towards a Cultural History*）（2012）中，他对这个问题有更多的看法：

"客观性的观点和氛围（如果不是它的实际的成就）对现代描述性的葡萄酒语言至关重要。如今，许多葡萄酒饮用者显然被能描述出真正成分的语言所吸引，这些物质被认为是形成主观体验的科学依据。然后，我们将主观性体验的复杂性视为是葡萄酒味道和香气的相关成分的集合体，我们认为或希望通过诸如芦笋味、无花果味或桃皮之类的描述语来描述这些成分。我们可以理解，我们由此得出的客观性结论是有问题的，但是关于客观性的观点是历史表象的核心，以及这种讨论葡萄酒的味道和香气的方式所起的文化作用。"

葡萄酒界的教育

　　作为葡萄酒饮用者，我们通过阅读他人的品酒笔记，并和比我们更有经验的人讨论葡萄酒，来学习写品酒笔记。我们开始为葡萄酒开发一种语言：一组可以尝试用来描述我们感觉的描述词，毫无疑问，这些描述词像挂钩一样，我们可以借助其描述我们的感知。我们品尝其他人认为的优质葡萄酒，从而培养何为优质葡萄酒的敏感度。这种共享的葡萄酒审美体系不受主观性问题的影响，因为主观性问题妨碍了对风味的实际感知。

　　总而言之，每个人的生理特点、知识和先前的经验都是影响其风味感知的重要因素，这表明在品酒活动中有一种很强的主观因素。但是我们也明白，品酒涉及共享知识（一种鉴赏优质葡萄酒的审美体系）和共享经验（我们所说的"风味"不是一成不变的，而是随着经验的变化而变化，我们也学会了喜欢被专家高度评价的全新的葡萄酒）。这些因素有助于弥补感知上的差异，否则，品酒和评估将成为一种单独的、孤立的行为。

　　然而，并非所有人都同意史密斯关于风味感知的三部分理论。新西兰认知科学家温迪·帕尔这样说：

　　"品尝者行为的共识模型不适用于葡萄酒这种复杂饮料的大部分感官分析。品尝者之间表现出的差异性反映了每个人的生理特点、经验和知识，这限制了共识模型的实用性。此外，研究表明，味觉和嗅觉的感知对葡萄酒品评很重要，与视觉、听觉和三叉神经刺激的感知相比，人们的这些感知更加多样化。"

这种观点来自一位经常与感官小组合作的专家，他对参与者的个体差异有着亲身体验，是我们不能忽视的。这提醒我们，尽管人们对葡萄酒的风味有着惊人的一致性，远远超出了我们所考虑的生物学差异以及不同品尝者的不同经验和环境的预期，但在某种程度上达成共识是不可能的。在纯粹的实际层面上，能够假设在我们关于葡萄酒的交流中保持很大程度的共同客观性会大有裨益。但是我们是否能够弥补个体差异。主观性差异足以以一种绝对的、100%未知意义的方式来分享我们对葡萄酒的感知。

当用语言表达时，目前我们用于葡萄酒的语言可能会给我们对葡萄酒的体验增添一种客观性的光环。事实上，关于葡萄酒交流方式的改变——这不仅改变了我们所说的内容，而且改变了我们谈论葡萄酒的频率（现在关于葡萄酒风味的文字远多于以前）——本身可以帮助我们走向一种共同的、共享的体验。主体之间的讨论在很大程度上影响了我们对葡萄酒的体验。

第
10
章

10

葡萄酒品评的一种新方法

　　我们这些关注葡萄酒的人需要重新审视一下当前葡萄酒品评的方式，尤其需要重新审视一下评论家这个角色，重新思考葡萄酒风味化学中使用的概念。还原论的葡萄酒品评方法依旧合理吗？我们应该如何考虑有关葡萄酒的交流以及品酒笔记的使用？为葡萄酒品评提供一个更明智和现实的理论基础，可以消除葡萄酒世界中的一些异常现象和矛盾。这一章汇集了我们对风味和大脑工作方式的新理解，将这些信息与关于葡萄酒风味化学的新观点结合起来，对葡萄酒品尝提出了一个全新的综合方法。

我们有多种感觉，还是只有一种？

　　我们有几种感觉？从本书所提到的不同主题中可能得出的一个相当激进的结论：感觉是一个统一体。我们不应该认为我们有五种不同的感觉，而是应该把所有的感觉（包括所有的感知）只是看作一种感觉。这是因为意识是一个统一体，不是细分的，而是一个结合了许多元素的单一感觉。是的，你可以只专注于自己意识领域的某个特定部分，但是你所有感知、自己的知识、思维、记忆和情绪都是同时经历的。当我坐下来写作的时候，我能意识到我周围的环境、身体和思想中正在发生着什么。我的内心世界是天衣无缝的、单一的，但是当我工作时，我能够把我意识到的几乎所有信号都搁置在一边。正如我们在第7章中看到的那样，大脑善于预测，只要其预测与外部现实相匹配，它就可以忽略信号，集中精力在重要的事情上：那些与大脑预测不符的事情。

几乎在每个人身上，意识到的所有方面都是统一的。有趣的是，患有严重癫痫的人，在做过大脑半球离断手术后，有时会同时体验到两种意识状态。

　　想象一下以下的场景，走在街上，你突然被三个陌生人塞进一辆汽车的后备箱中，并驶向他们的藏身之处。最后，你被绑在椅子上，头上罩着一个袋子，嘴巴被塞住了。当他们把袋子拿开的那一刻，你会感到害怕，但是大脑会立刻运行起来，作出预测，并且迅速绘制出你所处的环境和绑架者的身影。一切都会

记录在大脑中，包括这个地方的景象和气味、嘴里塞的东西的味道、这些人的外貌和情绪以及自己的恐惧。你的思维、情感和感知被集中在一个意识领域中，来自所有感官的信息都无缝地融合在一起成为一种整体体验。你感觉到的恐惧是由于你对可能发生的事情的预测而产生的，你的大脑根据所处环境和接下来可能发生的事情进行预测，并试图找出应对措施。根据你所接收的信息以及对世界如何运作的了解，你可以预见到伤害甚至死亡。但是后来他们意识到你不是他们的目标，所以你就被放走了。你的经历告诉你，虽然科学家喜欢把不同的感觉分开来研究，但是我们的体验却不是这样的。这种认识对葡萄酒品评有着深远的意义。

品尝葡萄酒的不同方法

认为只有一种理想的方式去品鉴葡萄酒是错误的。我们可以用不同的方式品尝葡萄酒，并写下品尝笔记，因此这是一个将方法与任务相匹配的问题。在葡萄酒行业，我们往往关注分析性品尝，试图抓住葡萄酒的特性并以文字的形式描述其品质。这是一个挑战，几乎就像我们必须忘记自然而然发生的事情一样。在正常的风味感知方式中，大脑甚至在我们意识到之前就处理了大量的感觉信息。

分析性品尝就像试图躲在电影背后去看所有正在进行的工作。作为品酒师，我们要了解不同种类葡萄酒的特点，并形成框架，然后作为品尝时的一个指导。在第3章中，我们了解了在大脑中如何形成气味和风味的"客体"。这似乎就是我们理解周围世界的方式：我们使用那些我们能够识别并赋予其特定属性的物体。如果看到一辆车，我们立刻会认出它是什么，只要它表现的和我们预期的一样，我们就不会再注意它。

我们大脑中的"客体"可能是视觉，也可能是嗅觉（例如，咖啡的香气是一种复杂的混合物，但是我们马上就能识别出它是咖啡），或者是多种感觉（例如，一个橙子的形状、颜色、气味、质感和味道）共同作用的结果。从很小的时候，我们就开始

作为专业的品酒师，我们会对葡萄酒进行品鉴。当我们关注葡萄酒的各种属性并寻找我们认为可能存在的东西时，就可能会看到其他人（只是喝葡萄酒的人）忽略掉的细节。这就是以前的体验对我们所做事情的重要之处。

识别和了解不同的物体，并且在成年后面对新奇的刺激时，我们仍然拥有识别新物体的能力。我们的大脑存储了这些客体的表征，当对周围的世界建模时，我们会获取并利用到它们。这些客体为我们提供了一种快速理解所遇到的所有感官输入的方法。葡萄酒专业人士可能已经在他们的大脑中编码了各种各样的嗅觉客体，甚至是葡萄酒类的客体。当我们品尝时，通常会使用这些客体之一来直接识别葡萄酒，然后再填充细节。例如，我们可能在认知上了解一款长相思葡萄酒的表征，当品尝一款我们认为或者已知的长相思葡萄酒时，就会重新获得这些表征。对于专家来说，葡萄酒品评是具有原型的。

要分析性品尝，就应该控制环境。我们讨论了背景和环境在形成感知方面的重要性。对于分析性品尝，这些因素必须尽可能地多加控制，环境也应该尽可能地保持中立，但只能在一定程度上。有证据表明，如果我们尝试评估一款没有颜色干扰的葡萄酒，比如使用黑色眼镜消除视觉提示，我们的判断质量就可能会受到影响。

勃艮第大学的多米尼克·瓦伦丁（Dominique Valentin）及其同事研究了葡萄酒专业人士对葡萄酒品质的判断受颜色的影响。23名法国的和23名新西兰的专业人士分别品尝了来自法国和新西兰的黑比诺葡萄酒。令人惊讶的是，他们发现对于专业品酒师来说，葡萄酒的颜色并不是主要因素，尽管与新西兰评委相比，对法国评委来说葡萄酒的颜色更重要一些。在两种文化中，他们对葡萄酒质量的判断大体上是相同的。有趣的是，黑色的玻璃杯引发了一个问题：它减弱或削弱了评委对葡萄酒的判断。专业人士很少在没有视觉提示的情况下判断葡萄酒，这可能就是为什么品酒师在黑色玻璃杯中难以具有相同的辨别力来品评葡萄酒。因此，分析性品尝依赖于筛选出的所有外部影响因素，这会影响到我们对葡萄酒的感知，同时需要在一个自然的环境范围内品尝葡萄酒。品评结果差别较大会被认为是不专业：有一种公认的品酒方式，我们对此感到满意，并且应该尽可能地继续下去。分析性品尝最好在一个干净、光线充足的

无论我们喜欢与否，饮酒时的环境会改变我们感知的状态。这无异于我们在餐厅里对食物的享受程度受餐厅本身是否受欢迎有关。

葡萄酒的感知受品酒环境影响

　　葡萄酒品评会受到环境因素的影响，这些因素会干扰人的感觉；例如食物的气味、音乐和色彩光线等。最适合品酒的环境是没有这些干扰因素的。

环境中，并且环境中没有任何异味。葡萄酒应该装在合适的杯子里，温度要适合葡萄酒的风格。大多数人认为不应该播放音乐，环境应该尽可能地免受其他干扰。

总部位于伦敦的葡萄酒及烈酒教育基金会（WSET）是世界领先的葡萄酒教育机构之一。WSET教授了一种结构化的品酒方法，这种方法很有帮助，因为当你第一次开始品尝葡萄酒并思考你所品尝的东西时，很难将这种感觉用语言表达出来。结构化的、清单式的方法有助于将注意力集中在葡萄酒的不同方面，以便在品酒笔记中记录葡萄酒（见P200）。这些笔记并不适合阅读，但是这对品酒而言是一个很好的开始。WSET还发布了一个在品酒笔记中使用的词汇表。这种训练在开始阶段是有价值的，但是它确实提供了一种简单的葡萄酒感知看法。毕竟，一个人的"中等酸度"可能是另一个人的"高酸度"，而且很难判断葡萄酒是否具有和谐、优雅和平衡等突现特性。本质上，它反映了葡萄酒的一种还原论观点，一个一个地分开并识别葡萄酒的单个成分。这种方法可以对葡萄酒进行一种描述，但是它没有抓住其本质，因为葡萄酒是一个整体。随着品酒师技艺的学习，他们认识到结构化品酒笔记的局限性，并对如何将葡萄酒作为一个整体来记录其本质有了更成熟的认识。

为享乐而品尝

如果主要是从饮酒体验中寻求乐趣，那么我们需要采取一种与分析性品尝几乎相反的方法。在这本书中，我们讨论了除葡萄酒化学成分之外，我们的感知还受到多少其他因素的影响。为了获得乐趣，我们需要利用环境提供便利，而不是中立的环境且减少所有的环境变量以获得最好的葡萄酒体验。除去环境，玻璃杯中的葡萄酒只能传递出它所能传递的一部分东西。

给一款葡萄酒写品酒笔记有点像试图向警察描述小偷或袭击者的特征。这是一件非常困难的事情，因为这不是我们如何看人，也不是我们的大脑如何工作。我们为世界建模的方式是在自己的大脑中创建一个"现实"，这个"现实"是由实际存在的东西而形成，这使得我们所有人都有可能成为不可靠的目击者。

WSET四级系统葡萄酒品尝方法（Systematic Approach to Wine Tasting，SAT）

视觉		
澄清度/光泽		澄清–浑浊/明亮–暗淡（有缺陷？）
颜色深度		浅–中–深
颜色	白葡萄酒	青柠色–柠檬色–金黄色–琥珀色–棕色
	桃红葡萄酒	粉红色–三文鱼色–橙色–洋葱皮色
	红葡萄酒	紫色–宝石红色–石榴红色–红茶色–棕色
其他观察		例如，酒腿/酒泪、沉淀、低起泡、气泡状态

嗅觉	
纯净性	陈年度
香气浓度	淡–中（–）–中–中（＋）–浓
香气特征	例如，果香、花香、香料味、植物味、橡木味、其他
陈年度	年轻–陈年中–完全陈年–已过最佳适饮期

味觉		
甜度		干–近乎干–半干–半甜–甜–极甜
酸度		低–中（–）–中–中（＋）–高
单宁	水平	低–中（–）–中–中（＋）–高
	性质	例如，成熟/柔和 VS 不成熟/青涩的，粗糙 VS 细腻
酒精度		低–中（–）–中–中（＋）–高 强化型葡萄酒：低–中–高
酒体		轻–中（–）–中–中（＋）–饱满
味道浓郁度		淡–中（–）–中–中（＋）–浓郁
味道特征		例如，果香、花香、香料味、植物味、橡木味、其他
其他特征		例如，质感、平衡性、其他 起泡酒（气泡）：细腻–奶油般柔滑–刺口
余味		短–中（–）–中–中（＋）–长

结论	
质量等级	有缺陷–差–可接受–好–很好–特好
评价理由	例如，结构、平衡性、浓郁度、复杂性、余味长度、典型性

适饮程度/陈酿潜力评估	
适饮程度/陈酿潜力	过于年轻–现在已能饮用，但具有陈酿潜力–现在饮用：不适应陈酿或继续陈酿–已过适饮期
评价理由	例如，结构、平衡性、浓郁度、复杂性、余味长度、典型性

葡萄酒	
来源/品种	例如，产地（国家/地区）、葡萄品种、酿造方式、气候影响
价格类别	便宜–中等价格–高价格–溢价–超额溢价
酒龄	结果是一个数字，而不是一个范围或葡萄酒年份

请学员注意：对于用连字符分隔开的术语——学员必须且只能选择其中一个来描述。对于以"例如"开头、后面用顿号隔开的术语——可供学员在写品尝笔录时选择使用。学员不需要对每款葡萄酒用每个词条来进行评估。

WSET四级葡萄酒词汇表：辅助WSET第四级系统葡萄酒品尝方法（SAT）

描述风味
准确：从组群角度思考
完整：不仅仅依靠描述性词汇表；旨在描述风味的质量和性质

一类香气/风味组群：果香/品种香

关键点	描述用语	
这些风味	花香	合欢，金银花，甘菊，接骨木花，天竺葵，花丛，玫瑰，紫罗兰，鸢尾花
淡雅或浓郁？	绿色水果	青苹果，红苹果，醋栗，梨，梨味硬糖，番荔枝，榅桲，葡萄
简单/中性或复杂？	柑橘类水果	葡萄柚，柠檬，青柠（果汁或果皮），橘皮，柠檬皮
一般或具体？	核果	桃，杏，油桃
新鲜或煮熟？	热带水果	香蕉，荔枝，芒果，甜瓜，西番莲，菠萝
未熟、成熟或过熟？	红色水果	红浆果，蔓越橘，覆盆子，草莓，红樱桃，红李子
	黑色水果	黑醋栗，黑莓，树莓，蓝莓，黑樱桃，黑李子
	干果	无花果，洋梅脯，葡萄干，白葡萄干，樱桃酒，果脯
	草本植物	青椒，青草，番茄叶，芦笋，黑加仑叶
	草药	桉树，薄荷，药材，薰衣草，茴香，莳萝
	辛香料	黑/白胡椒，甘草，杜松

二类香气/风味组群：酒香/发酵香

	描述用语	
这些风味来自 酵母、苹果酸–乳酸 发酵、橡木或其他？	酵母（酒泥，自溶，酒花）	饼干，面包，烤面包，油酥糕点，法式奶油甜面包，面包面团，酸奶
	苹果酸乳酸发酵（MLF）	黄油，奶酪，奶油，酸奶
	橡木	香草，丁香，肉豆蔻，椰子，奶油硬糖，烤面包，雪松，焦炭，烟熏，树脂
	其他	烟熏，咖啡，燧石，湿石，湿羊毛，橡胶

三类香气/风味组群：醇香/陈酿香

	描述用语	
这些风味表明 有意氧化、果味成熟 或瓶内陈年？	有意氧化	杏仁，杏仁泥，椰子，榛子，核桃，巧克力，咖啡，太妃糖，焦糖
	果味成熟（白葡萄酒）	杏干，橘子酱，苹果干，香蕉干等
	果味成熟（红葡萄酒）	无花果，西梅干，焦油，煮熟的黑莓，煮熟的黑樱桃，煮熟的草莓等。
	瓶内陈年（白葡萄酒）	汽油，煤油，桂皮，生姜，肉豆蔻，烤面包，坚果味，谷物，蘑菇，干草，蜂蜜
	瓶内陈年（红葡萄酒）	皮革，森林地表，泥土，蘑菇，野味，雪松，烟草，植物味，湿树叶，鲜肉，肉味，农场味

其他观察：甜度、酸、单宁、酒精和质感

	描述用语	
谨慎使用以形成一个 更完整的描述。 而不是更多地使用 低–中–高等代替。	甜度	极干的，微弱的，干的，多油的，发腻，黏稠
	酸度	高酸，青涩，酸的，清爽，激爽，松弛
	酒精	精致的，轻盈，单薄的，温暖，火热，烈性，灼烧
	单宁	成熟，柔和，未成熟，生青，梗味，粗糙，白垩质，收敛，微粒的，丝滑
	质感	石质，钢铁般的，矿物质，油脂般的。奶油般的，黏附感强的

结论　质量评估
使用证据：不只是发表意见，每一条评论都必须有证据支持
全面：评论所有有关质量的关键要素

请学员注意：在某些试卷中，考官还要求得到其他的结论性意见。详情请参阅《考生评估指南》。

一类香气/风味组群：果香/品种香

葡萄酒成分之间的平衡性如何？	结构平衡	酸、酒精、单宁VS风味、糖
	其他	・浓郁度，余味长度　　　　　　　　・表现性 ・复杂度，纯净性　　　　　　　　　・陈酿潜力

请学员注意：WSET四级葡萄酒词汇表旨在为学员提供提示和指导。该词汇表不图全面，不需要死记硬背或盲目跟随。

我们需要将所有环境提示融入到饮酒体验中，以便更好地体验葡萄酒。

这是我们可以发挥创造力的地方。就好像我们对如何以及在哪里喝葡萄酒进行选择，这也是饮酒过程的一部分。我们承认，在享用葡萄酒的过程中，我们也起到了一定的作用。例如，我们可能对葡萄酒进行醒酒，不仅是因为它可以以一种积极的方式改变葡萄酒的特性，还因为这个过程使我们对葡萄酒产生预期和期待。在这种情况下，我们可以选择用灯光和音乐来帮助创建一个良好的氛围，并且在理想的情况下，选择搭配上好的食物，和好伙伴一起喝酒。对于分析型品酒，食物的存在以及伴随而来的气味将是一场灾难，但对于享受型品酒而言，这可能是一件真正积极的事情。我们可以根据食物和场合选择葡萄酒，反之亦然。这是将葡萄酒融入其环境中，并以一种创造性的方式来利用我们的风味多重感官特性知识。哲学家约翰·迪尔沃思认为，品酒就像是一场即兴戏剧，在这一过程中我们可以发挥创造性的作用。我们要做的就是让这种体验尽可能地令人愉快。酒精本身有助于释放我们天生的抑制力，并给予我们更大的自由去做这件事。

还有一种可能是作为一个评论家来品尝葡萄酒。这与分析性品尝略有不同，尽管其核心也是反复品尝和分析。为了让评论家们发挥作用，他们必须记住，读者不会以分析的眼光来看待葡萄酒：他们喝葡萄酒是为了消遣。然而，评论家经常要品尝大量相似的葡萄酒，并需要以某种分析方法来辨别它们之间的差异，并对其质量进行评级。一名优秀的评论家将学会从分析性品尝（当然，会吐出所品尝的葡萄酒）的人工环境推断到读者在家里或一家餐馆消费葡萄酒的自然环境。

我们怎样才能成为更好的品酒师？

在第6章中，我们讨论了是否有些人天生擅长品酒，因此具有优势，或者品酒是否是一种可以提高和完善的技能。初步的结论是，只要你有正常的嗅觉和味觉，你就有可能成为一名专业的品酒师。

有证据表明，我们的感觉可以通过练习而变得敏锐，部分是因为我们的敏感度提高了，部分是因为有更好的认知能力来帮助我们感知正在体验的东西。也有证据表明，通过练习，我们还可以更好地识别气味，尽管许多研究表明，专家并不比新手更善于识别气味。开发一种改进了的葡萄酒语言，不仅能让我们更有效地捕捉和分享自己的体验，而且还能改变我们的感知。我们大脑中储存的各种不同类型葡萄酒的原型可以帮助我们构建自己的品酒方法，并专注于杯子里的葡萄酒。

我坚信对葡萄酒问询大有益处，就像记者或者访谈节目主持人进行采访一样，问题提得越好，回答就越有启发性和趣味性。一个品酒新手和一个葡萄酒专家同品一杯葡萄酒，即使他们拥有同样敏锐的感觉，其对葡萄酒的体验也会大不相同。专家们会在葡萄酒中有更多发现，并且会更清楚地表达他们的感知。专家们已经学会了如何分析和解读酒杯中的葡萄酒，他们有能力利用自己品尝类似葡萄酒的知识来增强自己所体验到的感觉。

专业品酒师的成就证明，嗅觉在西方世界的作用减弱是一种文化现象，而不是人类嗅觉在生物学上的普遍减弱。传统观点认为，相对于动物而言，人类的嗅觉识别能力较差。这种观点正被该种认识所取代：我们实际上非常擅长嗅觉识别，只是我们将其用于不同的目的。事实表明，我们越强调嗅觉，就会越注意它，我们越发展嗅觉语言，就会越擅长它。嗅觉是一种被忽视的感觉，但这不应该也不必如此。

什么样的训练能让我们成为更好的品酒师？尽管葡萄酒感知是多模式的，但是嗅觉给了我们大部分信息，所以嗅觉值得关注。为了训练自己，我们应该尽可能多地闻一闻东西，收集各种与葡萄酒有关的气味来提高嗅觉记忆。葡萄酒香气轮盘的发明者安·诺布尔已经发布了一套"标准"，举例说明了香气轮盘中的各种气味，在家里就可以准备练习。像这样主动、有针对性的训练，闻一闻周围的环境是会有收获的。

对于葡萄酒品评来说，有如下两个关键问题。第一，葡萄酒是否有一个风味标准？也就是说，人们能否就哪种葡萄酒最好达成一个广泛的、普遍的共识？第二，是否有葡萄酒评论家扮演了一种理想的葡萄酒评论家角色？

当然，我们应该大量的品尝葡萄酒，写下品酒笔记，并积极地寻找开发自己的葡萄酒词汇。和他人一起品尝，讨论葡萄酒，研究他们的品酒笔记，这些都是有用的。你认为哪个注解最能有效地体现葡萄酒的特点？当别人描述你面前葡萄酒的成分时，他们的表现如何？你自己拿的是什么葡萄酒？盲品是肯定的，但也可以看看葡萄酒风味的相关描述。有时候，先盲品，然后再看同一款葡萄酒的品酒笔记是一种非常有效的策略。无论如何，你要有自己的葡萄酒原型，并将其应用到你正在品尝的葡萄酒中，但是要确保你真正品尝了面前的葡萄酒，并给葡萄酒一个说话的机会。一个好的采访者通常是一个倾听者，而不是一个空谈者。真正品尝了葡萄酒，你就可以提出好的问题，并给葡萄酒足够的时间来解答。

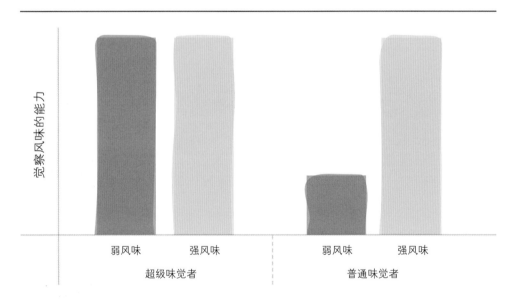

超级味觉者和普通味觉者

该图显示了超级味觉者和普通味觉者在风味体验上的不同。超级味觉者对风味的体验非常强烈，因此他们不一定是理想的评论家。

什么样是一名理想的葡萄酒评论家？他们真的存在吗？

我们已经看到，葡萄酒可以用于分析，也可以用来享乐，但是那些声称有权向他人介绍并使其相信葡萄酒品质的葡萄酒评论家又如何呢？葡萄酒评论家与绘画、雕塑和其他艺术评论家有什么共同之处吗？一个共同标准能适用于所有人吗？

在18世纪，英国哲学家大卫·休谟试图解决如何定义美学标准的问题，他问道：是否存在真正的美，我们如何区分好的趣味和不好的趣味？在其颇具影响力的著作《论趣味的标准》一书中，休谟第一次讲述了他所认为的趣味和美的真正标准，即他所说的"理想评论家"之间的一致性。然后他指出，在这样一个评论家身上应该同时具备五个因素："健全的理智、细腻的感觉、通过实践改进、通过比较完善，而且消除所有偏见。"对于品酒评论家来说，这里突出的一个特征是"细腻的感觉"（或者说趣味），当具有"优质的器官，没有任何东西能逃脱它的感知；同时这些器官非常精准，能够感知组成物中的每一种成分"时，就会具备这种特征。

休谟提出了"理想评论家"的概念，并以品酒为例说明了其"细腻的感觉"的观点："为什么许多人感觉不到真正的美感，一个显而易见的原因就是缺乏细腻的想象力，而这正是传达这些美感感知力的必要条件。每个人都假装具有这种细腻性：人人都在谈论它，并将各种口感或情绪降低以达到标准。但是，由于我们在本文中的目的是将某种理解与感觉融合在一起，因此，比起迄今为止所做的尝试，给细腻性下一个更准确的定义是非常正确的。不要以一个太深奥的来源引出我们的哲学，我们可以参考堂吉诃德的一个著名故事。桑丘对长着大鼻子的乡绅说，我假装对葡萄酒有一种自己的看法，这是有原因的，因为这是我们家族遗传的一种特质。有一次，我的两个亲戚被叫去对大桶葡萄酒发表看法，那应该是很好的酒，经过陈酿且年份很好。其中一个人品尝了葡萄酒，经过深思熟虑之后，他认为，如果不是因为他在葡萄酒里面感觉到了一点皮革味的话，这是一款优质的葡萄酒。另一位经过同样谨慎的思考后，也对葡萄酒的喜好做出了自己的判断。但是他很容易感受到葡萄酒中带有一股铁的味道。

你无法想象他们两人的判断受到了多大的嘲笑。但是最后谁笑了呢？倒空大酒桶的时候，在桶底发现了一把旧钥匙，上面绑了一条皮带。"

休谟认为，辨别诸如铁和皮革（在这个例子中）之类难以捉摸的元素的能力，是理想评论家的一个关键要求，也是大脑感知趣味的基础："精神品味和身体品味之间的巨大相似性，很容易教会我们应用这个故事。虽然可以肯定的是，美与丑，不仅仅是甜与苦，并不是物体本身所具有的品质，而是完全属于内在或外在的感觉。我们必须承认，物体中存在着某些品质，这些品质是天生适合产生这些特殊的感觉的。然而由于这些品质可能在较小的程度上被发现，或者可能相互混合和混淆，因此经常发生这样的情况：风味不会受到这些细小品质的影响，或者无法区分所有特殊的风味，风味混杂在一起。而对于那些优质的器官，没有任

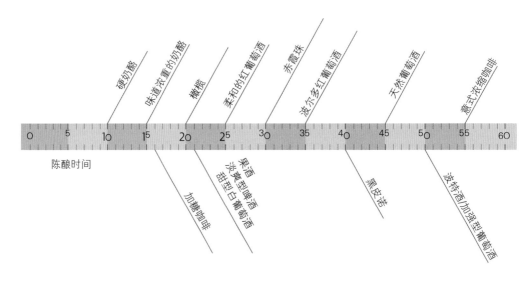

味道的变化：口感如何演变

何东西可以逃脱它的感知。同时这些器官非常精准，能够感知组成物中的每一种成分："这就是我们所说的细腻的感觉，不管我们是按字面意义还是比喻意义来使用这些术语。因此，在这里，美的一般规则是有用的；它是从已有的模型中提炼出来的，并且从观察到的令人愉悦或不悦的情况中单独或高度呈现时得出：如果同样的品质以一种连续的组成、小程度地影响到一个人感官的愉悦或不安，我们就不认为这个人具有这种细腻性。"

因此，一位优秀的葡萄酒评论家就像一位对已有美学原则的细节非常敏感的优秀艺术评论家一样，能够分辨风味的细微差别，并且在优质葡萄酒酿造环境下对其进行解读。但是，从这个角度来看，是什么让我们这些人成为理想的葡萄酒评论家呢？虽然我们希望葡萄酒评论家具有优雅的品味、渊博的知识以及不带偏见等品质，但是我们并不清楚是否可以将一名葡萄酒评论家的评论看作是葡萄酒的一种特性。这是因为我们在品酒过程中都会带入一些其他东西。即使是那些试图保持公正，将自己的喜好放在一边的评论家，在他们的评论中也不免一定程度上受到"自传性"的影响。

在休谟看来，理想葡萄酒评论家的评判能够经受住时间的考验：他们认为很棒的葡萄酒，他们的同行以及大多数追随者也会认为很棒。如果我们认同应用于葡萄酒的理想评论家的观点，那么这就意味着顶尖的葡萄酒评论家拥有特别精炼的能力，他们的判断几乎是对客观的事实陈述。

改变个人反应的问题

休谟认为美学是一个分辨客观事实的问题，但事实未必如此。利兹大学哲学与艺术教授马修·基兰指出，我们反应中的微小变化可能会产生非常明显的结果：

"同样的辨别力和反应进行细微改进，可能会从根本上以我们都熟悉的方式影响着对艺术作品（以及葡萄酒）的体验和鉴赏。我曾经认为蒙德里安中后期的作品是优秀的平面设计，线条的排列和色彩都很好但是很平淡，我很困惑为什么人们认为他的作品特别具有艺术价值。然而，当看到其中的一些图片代表了抽象的图像空间投影时，我的体验结构就发生了转变，我的评价也彻底颠倒了过来，从认为它们不好到给其相当高的评价。"

基兰认为，理想评论家的概念受到了挑战，因为理想评论家不能在建立人与人之间的品味标准上完全达成一致。他还提出了反对理想评论家的个人观点，指出我们如何随着时间改变自己的观点。"当我们对某些类型的人、社会群体或种族表现出想象中的同情时（我们以前可能会发现很难对其产生同情），这可能会从根本上影响我们对那些展现其态度的作品的感受和评价。"

他认为，我们的审美感受不仅会随着时间而改变，而且对事物的鉴赏也有"阶段性"。个人对艺术鉴定的不确定性，使我们怀疑能否找到一个理想的评论家。

葡萄酒也是如此。随着在葡萄酒之旅中的进步，我们的品味也随之改变，在不同的时间，我们会与不同的葡萄酒产生关系。就像命中注定的爱情一样。例如，当你第一次接触阿尔萨斯的琼瑶浆时，你可能会发现它充满异国情调，令人兴奋。然后你会进入一个发现阶段，在此你会发现有关这款葡萄酒的所有东西，你们的关系会不断加深扩大。但是有一天，你发现自己开始喜欢上了雷司令，随着你越来越多的喝雷司令，琼瑶浆的魅力慢慢消失了。有一天你和琼瑶浆分手了，你会心想"对不起，琼瑶浆，不是你的问题，是我的问题，是我已经变了。"

我们的这种变化倾向性使人对理想葡萄酒评论家的概念产生怀疑，即理想葡萄酒评论家站在一个具有超凡审美敏感性的位置，对葡萄酒做出规范性判断。这缩少了评论家的角色范围，但是我认为这是非常可取的。是的，我们发现以评论家作为指导是有益的，特别是当我们分享他们的审美体系，并且其喜好和风格判断与我们一致时。但是我们不能指望理想评论家对其品尝的葡萄酒做出绝对客观的评价。

基兰假设，我们对作品（无论是文学作品、音乐还是葡萄酒）的体验和欣赏，会受到我们审美品格发展方式的影响。喜欢某些葡萄酒会妨碍我们喜欢其他的葡萄酒。他认为，在我们的审美品格发展过程中，经常会出现这样的转变和根本性的突破，突然间能够欣赏某些类型的作品，这会使我们更难欣赏其他类型的作品。审美品格的发展与情感史和个人史有关。"因此，我们欣赏一件作品的方式，既展现了我们自身，也展现了作品本身。

这不仅对评论本身有影响，因为一种非个人的欣赏和评价就

如果我们在欣赏事物的过程中经历了各种转变和不同阶段，那么谁能说明评论家没有经历某种转变呢？我们对文学和音乐的品味一直在发生变化，而且对一种流派的兴趣常常会降低我们对另一种流派的兴趣。

像一个神话，而且对于一个确定的艺术价值标准框架也有影响。如果欣赏只能以这种方式个性化，一个理想欣赏者没有确定艺术价值相对排序的个人特质，那么这个概念是毫无价值的。"

休谟自己认识到人们的品味如何不同，且会随着时间而改变，以及个人的喜好如何妨碍我们以一种普遍的、公平的方式去进行评价：

"一个人更喜欢崇高的东西，另一个人更喜欢温柔的东西，第三个人更喜欢幽默的东西。一个人对瑕疵有很强的敏感性，对正确性极其认真，另一个人对美有更强烈的感觉，只要有一处高尚的或可悲的笔触，就可以宽恕二十处荒谬和缺陷。这个人的耳朵完全倾向于简洁明了和有活力的东西；那个人喜欢翔实、丰富、协调的表达……喜剧、悲剧、讽刺文学、抒情诗，每一类作品都有其支持者，他们比其他所有人都更喜欢这种特殊的写作形式。一个评论家把自己的认可局限于某一种或某一类写作风格，而对所有其他的写作风格一概谴责，这显然是一个错误的做法。但是，我们几乎不可

我可能碰到了一批来自纳帕谷的赤霞珠葡萄酒，它们是由采摘较晚的葡萄酿制的，它们可能有香甜的、过熟的、果酱的风味，酒精含量15.5%以上，具有明显的酸味，并且在100%新橡木桶中过久陈酿的迹象。那么给这款葡萄酒打低分是因为个人喜好吗？还是评论家的工作之一就是对葡萄酒的风格以及这种风格的葡萄酒有多成功发表意见？有些葡萄酒风格是非法的吗？

视觉评估：这是一款白葡萄酒，还是一款年轻的葡萄酒

它闻起来和尝起来如何？第一印象

思考：这款葡萄酒是什么风格或品种？例如，长相思或霞多丽

长相思的可用模板：青草、草地、番茄叶、青椒、柑橘、柠檬、葡萄柚、草本、橙皮味、黑加仑、醋栗

选择最适用的术语

重新审视该葡萄酒：有哪些香气和风味？

写下品尝笔记

能不对那些符合我们特殊转变和性格的东西产生偏爱。这种偏爱是无辜的、不可避免的，绝不可能成为争议的对象，因为没有标准可以决定它们。"

在《当代美学》杂志的一篇文章（2005）中，弗朗西斯·雷文提出了一个问题，超级味觉者是否会成为休谟所说的理想评论家。几乎可以肯定，超级味觉者对风味有更高的敏感性，但是这真的会让他们成为不称职的"理想"品尝者吗？因为他们不能品鉴浓烈的风味，自然不愿称赞葡萄酒中的某些成分，例如单宁。

雷文认为，通过适当的"味觉教育"，超级味觉者能克服个人的、生物学上的偏见，从而成为一名理想评论家。但是如果他们的批判能力降低了个人品味，那么超级味觉者所提升的能力既是一种资产，也是一种负担。问题是，如果一个人不喜欢某件事，他还能公平地评论它吗？有没有可能让评论家把他们的个人品味和批判能力区分开来，学会用一种稳健的、公平的方式来评价他们不喜欢的东西？葡萄酒鉴赏是一种需要后天习得的学问，这一事实将葡萄酒教育带入其中。通过教育，尽管我们有生物学上的倾向，但是仍有可能获得一种超越个人喜好的批判性鉴赏能力。如果是这样的话，那么一个拥有超级味蕾的超级味觉者只要能够区分个人品味和批判能力，他们就可能占有一些优势。

我们如何决定什么是好？

有一点，即使最开明的葡萄酒评论家也必须根据葡萄酒风格做出一种判断。有些人认为，即使你不喜欢某一种风格的葡萄酒，也可以在每种类型的葡萄酒中区分优劣。所以，我可能不太喜欢里奥哈，但是如果让我评判一场里奥哈葡萄酒的比赛，我希望能以一种专业的方式给其打分。

在其他情况下，会有一些我不喜欢但其他人喜欢的葡萄酒，我可能发现很难以这种方式来判断。

葡萄酒不容易归类。然而我发现，我和我的同事们对于哪些葡萄酒好，哪些葡萄酒不好，有着相当一致的看法。当然，对于标准的商业葡萄酒而言，质量等级似乎相对容易确定。但是，用休·约翰逊的定义来说，一旦你进入了精品葡萄酒的领域，一切就变得复杂多了。在这里，我们进入了美学体系领域，最好把它们看作是像维恩图一样重叠的圆圈。

如果说有什么东西可以让葡萄酒感知保持客观性的话，那就是葡萄酒鉴赏很大程度上是后天习得的，而不是天生的。作为专业人士，我们通常不会独自踏上品酒之旅。相反，我们会和别人一起喝酒，在品酒会上得到帮助，阅读别人对我们所喝的葡萄酒的看法。当然，对于大多数人而言，葡萄酒只是葡萄酒，不可否认，关于商品葡萄酒和商业葡萄酒，几乎没有什么可说的。这并不是要批评商品型葡萄酒或其专业人士，而是建议我们有必要在讨论葡萄酒时细分市场。

因此，不同的规则适用于不同的葡萄酒市场，但是一旦涉及精品葡萄酒，它们重叠的审美体系就会引发问题。例如，欧洲人的口味和北美人的口味差别很大。尽管这不可避免是一种概括，但是在美国，人们更喜欢那种具有较甜的水果味的红葡萄酒，这种葡萄酒能提供成熟的水果味和柔滑的结构。欧洲人喜欢其葡萄酒少一些甜味，多一些清新感，少一点酒精，风味多变。当来自大西洋两岸的专业人士一起品尝同一款葡萄酒时，通常会有明显不同的群体偏好，而不仅仅是个人喜好。

例如，2006年5月，在伦敦和加利福尼亚的纳帕谷同时举行品酒会，以庆祝开创性的巴黎评判事件30周年。该事件是，在1976年，当法国评委对加利福尼亚葡萄酒盲品的评价高于波尔多和勃艮第时，加利福尼亚葡萄酒开始出现在了葡萄酒地图中。在这场旨在庆祝而非比赛的重聚中，美国评委比欧洲评委青睐那些更成熟、更甜一些的葡萄酒。

还有，每当和美国同行一起品尝葡萄酒时，我经常发现，我们的味觉在红葡萄酒的成熟度方面存在分歧。如今，随着葡萄酒文化变得更加全球化，不再那么孤立，这种情况正在改变。如今，每个人都有更多的旅行，当然，对于年轻一代（在葡萄酒术语中指的是50岁以下的人）而言，他们更多地接受了一种共享

的、国际性的精品葡萄酒文化。但是必须强调的是，这里是指精品葡萄酒，在商品葡萄酒中的规则完全不同。

品味与文化有着千丝万缕的联系。当然，人与人之间存在生物学上的差异，这一点很重要。但是更重要的是，风味感知是后天习得的。人类的大脑可以感知周围环境中可以利用的物体，这使得感觉处理更加快速和有效。通过这种方式，在主体间学习葡萄酒的过程中，人与人之间某些生物学上的差异就被忽略了。例如，大约7%的北欧男性是红绿色盲。然而，这似乎并没有给他们造成多大的困扰，主要是因为，从婴儿时期开始，他们就通过辨认环境中的物体来学习。正如我们所见，人类并不是简单的测量仪器，我们感觉系统的处理包括许多步骤，我们可以通过这些步骤来补偿受体水平的异常。对于一个"正常"的成年人来说，突然失去这种颜色辨别能力会让人不知所措。但是，任何不具有这种颜色辨别能力的人，不会注意到这种能力的丧失。

我们还必须考虑文化品味这一更广泛的概念，这并不是一成不变的。就像艺术和音乐一样，葡萄酒的流行风味会随着时间而改变。评论家的职责就是对这些风味进行评判，如果他们的评判是对的，人们就会追随他们，但是如果他们的评判与更广泛的文化品味不符，人们就不会追随他们。的确，一些评论家会吸引某些特定的葡萄酒爱好者群体，而其他人的作品也会受到不同群体的关注。

应该如何改变品酒和交流？

在讨论了本书涉及葡萄酒品评的所有方面之后，这意味着什么？对于葡萄酒鉴赏实践以及我们就葡萄酒进行交流的方式，有哪些改变是必要的？这里有一些建议。

首先，我们需要认识到语言的重要性，同时也要注意语言对葡萄酒体验的影响。我们已经看到了语言在塑造体验中的重要性，并且注意到了认知方法，包括词汇的使用、通过定义和塑造专家的体验来影响其对葡萄酒的评估。语言可以帮助我们更好地理解葡萄酒，但是如果我们开始过快地使用语言，这也会妨碍和扭曲我们对葡萄酒的实际体验。

　　其次，我们需要认识到个体间风味感知差异的程度，但同时不要过分强调这种差异。这些差异的确很重要，但是教育以及参加共享的葡萄酒活动在一定程度上有助于克服这些差异。如果完全忽略感知上的差异，那么我们在葡萄酒交流中就会遇到问题。当然，葡萄酒教育应该更多地考虑这些差异。葡萄酒市场已经认识到这一因素，但是尚未完全开发其潜力。

　　我们还需要认识到，除了个体间风味感知的差异外，个体之间也存在差异。我们对葡萄酒了解的越多，对特定葡萄酒接触的越多，我们的品味也会随时间而变化。这一点很重要，却常常被忽略。然后还有环境的重要性，葡萄酒周围所有的一切都会影响对葡萄酒的感知。我们可能会认为，作为专业人士是不会受到品尝环境的影响，但是在很多方面，我们确实受到了影响，并且根本无法摆脱这些因素的影响。

　　最后，我们需要认识到自己所体验的现实，这是我们自己创建出来的。这是一个相当令人吃惊和不安的想法，但是我们每个人都在创建自己的现实，这也适用于风味感知。我们不是简单的测量仪器。我们在品酒过程中带了很多东西，享受或评估一款葡萄酒是一种伙伴关系，我们在其中发挥着积极的作用。品酒并不像我们想象的那么简单，但是这种复杂性又增加了一层丰富感。

享乐和沟通

　　伊夫林·沃的小说《故园风雨后》以20世纪30年代为背景，其中有一段很有趣，描写了关于葡萄酒的享受，并试图将其风味转化为语言。

　　叙述者查尔斯·莱德回忆起，他和朋友塞巴斯蒂安·弗莱特在布莱兹海德的家中度过的一个田园般的夏天，在那个夏天，他们一起发现葡萄酒。当然，这是描写了有关葡萄酒风味体验的方法：

　　"我们从每个酒箱里拿出了酒瓶，在和塞巴斯蒂安一起度过

的那些宁静的夜晚，我第一次真正地认识了葡萄酒，并播下了丰收的种子，那是我在许多荒芜岁月中的收获。他和我，我们坐在彩绘客厅里，桌子上放着三瓶开着的葡萄酒，每人面前摆着三个酒杯。

塞巴斯蒂安找到了一本关于品酒的书，我们详细地按照书上的说明去做。我们用蜡烛稍微加热酒杯，杯中倒入三分之一高的葡萄酒，旋转杯中的葡萄酒，用手捧着酒杯，拿到光亮处观察，嗅闻，喝一小口，我们嘴巴里充满葡萄酒，将其在舌尖上滚动，就像台子上的硬币一样在上颚中回响，我们头向后仰，让葡萄酒顺着喉咙流下。然后我们讨论了这款葡萄酒，吃了一点巴思·奥利弗饼干后开始品尝另一款酒，然后反过来品尝第一款葡萄酒，再品尝下一款葡萄酒，直到这三款葡萄酒都循环品尝，杯子的顺序也混乱了。我们争论着哪个是哪款葡萄酒，酒杯在两人之间来回传递，直到传递了六杯，其中有些酒杯里装的是我们从错误的酒瓶里倒出的混合葡萄酒。我们不得不重新开始，每人再重新倒上三杯干净的葡萄酒，酒瓶空了，我们对葡萄酒的称赞更加狂野，更加具有异国情调。

'这款葡萄酒有一点小羞涩，像一只小羚羊。'

'像一个小妖精。'

'像挂毯窗的斑纹。'

'像静水中的长笛。'

'这是一款珍藏的陈年葡萄酒。'

'一个洞穴里的先知。'

'这就像雪白脖颈上的一条珍珠项链。'

'像一只天鹅。'

'像最后的独角兽。' "

葡萄酒是一种精美的液体，具有丰富的文化，让人充满兴趣，葡萄酒有自己的改变性力量，让人们自由地享受、询问以及多维度探索。我们尝试感知并了解葡萄酒，但是受到它的反抗。

我们试图还原葡萄酒，掌握葡萄酒，并试图通过使用听起来科学的描述，给葡萄酒感知创造出一种客观的印象，最终不可避免地以碰壁告终。

我们的味觉、嗅觉和触觉（被嘲笑的近端感觉）正在进行反击。过去人们认为这些感觉不具备真正的审美鉴赏能力，但是我们现在意识到了自己的错误。随着时间的推移，葡萄酒可能逐渐被视为近端感觉艺术对象的原型。在我们勇敢尝试了解葡萄酒的过程中，不要对其进行限制，试着将其看成一个整体。

然而，最重要的是，对葡萄酒品评的研究具有很大的主体间成分（我们都喜欢谈论自己对葡萄酒的体验），这有助于改变人们对感知本身的理解，这就是本书的意义所在。

词汇表

酸：葡萄酒的一种主要成分，由挥发性和非挥发性酸组成。葡萄酒中的主要酸是酒石酸和柠檬酸，当葡萄中天然酸含量不足时，通常会在酿酒过程中添加酒石酸。如果葡萄酒中的一种挥发性酸——醋酸含量太高时，则认为这是葡萄酒的一种缺陷。乙酸含量较低时，会增加一款葡萄酒的芳香感和甜味。人们认为酸在口感中体现了锐利度。酸太少，葡萄酒会比较松弛；酸太多，葡萄酒就太酸了。

美学：对美、好的品味和坏的品味的研究。葡萄酒是否可以作为一种审美对象，还存在一些争议。

嗅觉缺失症：无法闻到气味。它的致残程度令人震惊，失去嗅觉的人通常会变得抑郁。

涩味/收敛性：由单宁等化合物引起的口腔干燥或起皱的感觉。

酵母自溶：死去的酵母细胞分解，将风味成分释放到葡萄酒中。在香槟法酿造起泡葡萄酒的生产过程中，酵母自溶是很重要的，在这种方法中，参与葡萄酒二次发酵的酵母细胞会在酒瓶中留存较长时间。这有助于形成饼干味、面包味和烘烤味。

橡木桶陈酿：葡萄酒通常在橡木桶里陈酿，这有两个效果。首先，橡木桶里的风味化合物最终会进入葡萄酒，比如闻起来具有香草味的内酯，以及具有香料和烟熏味的愈创木酚。其次，陈酿时允许微量的氧气接触葡萄酒，这对葡萄酒有有益的影响。白葡萄酒的发酵通常在旧橡木桶中完成，因为这似乎有助于木头味的融合。橡木桶发酵也可用于红葡萄酒，但是这更棘手，因为有葡萄皮。

苦味：葡萄酒可以具有苦味，这些在适当的环境下是可取的。对单宁的感知通常认为是一种苦味。

盲品：在不知道是什么葡萄酒的情况下品尝。"单盲"意味着你只知道品尝过程中的葡萄酒，而不知道倒入葡萄酒的顺序。"双盲"意味着你事先不知道葡萄酒的信息。

酒香酵母：一种通常在发酵结束后会在红葡萄酒中生长的酵母，会产生农场味。在某些葡萄酒中，低含量的酒香酵母可以增加葡萄酒风味的复杂度，但是高含量的酒香酵母会使葡萄酒尝起来具有缺陷。对酿酒师来说，这是一个大问题，尤其是在pH值高或者在葡萄酒成熟过程中不使用二氧化硫时风险更大。

认知：这是涉及我们如何思考、感知、判断和推理的心理过程，而不是一种情感层面的反应。

补液：除渣（吐泥，当死亡酵母细胞从二次发酵中作为堵塞物被除去）后，添加到起泡酒中的一种糖溶液，可用于确定酒的最终甜度。香槟中使用的溶液可以是加糖葡萄酒，或桶发酵葡萄酒或白兰地。

优雅：一款优雅的葡萄酒是一种风味低调，互相融合而形成的一种微妙而精致的葡萄酒。许多葡萄酒通过陈酿达到这一状态。

干浸出物：从葡萄皮中提取化合物以赋予单宁、颜色和各种风味成分的过程。

风味：一种食物或饮料的感知特性。风味是由味觉、嗅觉、触觉、视觉、甚至听觉信息输入的。这些元素结合在一起，形成了一种感知。

酒花：能在葡萄酒表面形成一层厚膜的酵母，尤其是在酿制淡色干雪利酒和曼萨尼拉雪利酒时。它是由葡萄酒酵母的酿造酵母菌株组成的，以葡萄酒成分为食，产生了这些雪利酒典型的坚果味、苹果味和咸味。

协调：一款协调的葡萄酒是所有元素无缝地结合在一起。

享乐：与愉悦有关。

高阶处理：大脑处理由感觉器官所获得的感觉信息的方式，仅提取最有用的信息来告知我们自己的体验。

乳酸菌：在大多数红葡萄酒和许多白葡萄酒中进行二次发酵（苹果酸-乳酸发酵）的细菌。该细菌对葡萄酒的风味有显著影响。

搅桶：在木桶或钢罐的底部搅拌死亡酵母细胞（酒渣）的过程。通过释放诸如甘露糖蛋白之类的化合物，可以形成葡萄酒的风味和质感，还可以清除氧气。然而，打开酒桶和搅拌酒的过程也会增加氧气，因此，有时在不打开酒桶的情况下滚动酒桶，无需增加氧气即可获得有益效果。

余味长度：一款葡萄酒吞下或吐出后，其风味在口中保持的时间。一般来说，葡萄酒"余味长"是一件好事，除非它尝起来很难喝。"余味短"是一个贬义词，指一款葡萄酒的风味骤然消失。葡萄酒作家经常在品酒笔记中无话可说时会加入这些术语。

浸渍：在发酵之前、期间或之后，从葡萄皮中提取风味化合物及其前体的过程。所有红葡萄酒在果皮和果肉之间都有一定接触，否则就不会着色。接触时间长短，以及是否存在物理过程（比如在葡萄酒中倒入葡萄皮），都会影响葡萄酒的色泽和单宁的提取程度。

苹果酸—乳酸发酵：把苹果酸变成乳酸的细菌发酵过程。这样可以减少酸度感知。此外，细菌发酵也会产生感官影响。例如，它可以产生双乙酰，这是一种奶油味，并不总是令人满意。

几乎所有的红葡萄酒都有苹果酸—乳

酸发酵，有些白葡萄酒也有。

香气：用来描述一款葡萄酒气味的术语。

客观性：当结果（或感知）与对象（葡萄酒）的属性直接相关时，葡萄酒品评是客观的。它独立于感知者，但是一群品尝者会共同感知到。另请参阅"主观性"。

气味物质：一种可以被闻到的分子的术语。

嗅觉受体：存在于鼻腔神经细胞膜上的蛋白质。它们通过一种尚未知晓的机制识别气味分子的特征，然后产生一种由大脑传输和处理的电信号，从而产生对气味的感知。

氧化：在酿酒过程中过度接触氧气，或者装瓶后仍有过多氧气从葡萄酒瓶塞中进入葡萄酒而导致的一种葡萄酒缺陷。氧化可以带来一种烂苹果味，随着一种颜色变化（白葡萄酒颜色变深，红葡萄酒变成一种砖红色或棕色色调），还会形成坚果味和焦糖味。

味觉：用来形容当葡萄酒在嘴巴里时我们品尝葡萄酒方式的术语。

感知：处理来自感官的信息，从而形成一种关于环境的心理表征。

信息素：引起行为反应的一种气味分子。它们在动物中很常见，但在人类身上的存在却备受争议，因为我们缺少犁鼻器。

精确性：精确的葡萄酒是指所有元素在风味空间中都有严格的参数定义。

还原现象：由超过阈值水平、发臭的挥发性硫化物引起的一种葡萄酒缺陷。这是所有葡萄酒缺陷中最复杂的缺陷之一，因为这些化合物在一定的水平和一定的葡萄酒中会累积。还原葡萄酒可闻到臭鸡蛋味、火柴味、大蒜味或烤咖啡味。

饱足：当我们吃饱之后，就会感到满足，这是针对所讨论的物质而言。例如，我们可能已经吃了很多牛排，但是仍然对巧克力有胃口。

易饮用的：一个非正式术语，用于描述非常易于饮用的葡萄酒。

橡木板：橡木制成的木板，用来代替橡木桶以增加橡木味。它们经常被放于钢罐中，因为使用木桶成本太高。但橡木板往往会产生令人失望的效果，它给葡萄酒增加了一种坚硬、生硬的丁香味和雪松味。

结构：指的是葡萄酒风味的骨干。一款红葡萄酒的结构取决于单宁和酸度，而一款白葡萄酒的结构仅取决于酸度。打算长期陈酿的年轻葡萄酒通常结构良好。

主观性：受到个人信仰和见解的影响。如果感知是基于感知者自己的观点，而不是基于感知对象，则感知是主观的。广泛认为品酒是主观的而非客观的：它取决于我们自己的见解，我们可能不会期望别人来分享。另请参阅"客观性"。

硫化物：挥发性含硫化合物可能会散发臭味，并导致称之为还原现象的葡萄酒缺陷。有时，"硫化物"被用作笼统术语，通常指挥发性含硫化合物。

亚硫酸盐：它们以二氧化硫（SO_2）的形式添加到葡萄酒中以防止氧化，但是其中有一些SO_2是酵母在发酵过程中产生的。大多数葡萄酒都添加了SO_2，尤其是在装瓶阶段，但有些葡萄酒不添加亚硫酸盐。这些葡萄酒都比较脆弱，必须小心处理，但是它们的风味可能很棒。

超级品尝者：如果一个人具有增强型的品尝例如丙硫氧嘧啶和苯硫脲等苦味化合物的能力，那么他就可以称为一名超级品尝者。大约25%的人属于这一类人，由于他们对单宁等成分非常敏感，因此他们可能不是最好的葡萄酒评论家。

甜度：许多葡萄酒都含有残余糖分。这增加了甜度，但感知甜度的程度取决于酸度。例如，酸度非常高、糖含量约为10 g/L的"绝干型"香槟可以尝起来很干，而具有相同糖含量的红葡萄酒（通常作为浓缩葡萄汁添加）则会有明显的甜味。

单宁：一个包罗万象的术语，用来描述具有结合蛋白质能力的植物化合物。这些在葡萄皮中发现的化合物，在葡萄酒中表现出复杂的行为。人们认为单宁具有涩味，而且有些微苦，在口中引起一种干涩的感觉。白葡萄酒中很少含有单宁，除非是和葡萄皮一起发酵，这种情况很少发生。红葡萄酒不应该有过多单宁，这一点很重要，否则葡萄酒将不平衡。

呈味物质：我们可以品尝到的分子的术语。

风土：一个法国术语，指一个地方如何在一款葡萄酒中表达自己。这通常是葡萄园环境（土壤、中气候、微气候）对葡萄生长方式影响的一种结果。鉴于适宜的酿酒过程，这些差异会在葡萄酒中表现出来，但是这种风土影响葡萄酒很容易中丢失。

质感：葡萄酒在口腔中的感觉，例如，质感丰富、平滑、丝滑或具有层次感。

2，4，6-三氯苯甲醚（TCA）：造成"软木塞污染"缺陷的一种主要化合物。它使葡萄酒闻起来有霉味，就像潮湿的硬纸板或旧地窖。

鲜味：由谷氨酸这种氨基酸所赋予的一种令人愉悦的味道。

参考文献

Books

Allhoff, F. ed., 2009. *Wine and Philosophy: A symposium on thinking and drinking.* John Wiley & Sons.

Burnham, D. and Skilleås, O. M., 2012. *The Aesthetics of Wine.* John Wiley & Sons.

Burr, C., 2004. *The Emperor of Scent: A true story of perfume and obsession.* Random House Incorporated.

Classen, C., Howes, D., and Synnott, A., 1994. *Aroma: The cultural history of smell.* Taylor & Francis.

Cytowic, R. E., 1993. *The Man Who Tasted Shapes.* Jeremy P. Tarcher.

Frith, C., 2013. *Making Up the Mind: How the brain creates our mental world.* John Wiley & Sons.

Huron, D. B., 2006. *Sweet Anticipation: Music and the psychology of expectation.* MIT Press.

Sacks, O., 1998. *The Man Who Mistook His Wife for a Hat: And other clinical tales.* Simon & Schuster.

Shepherd, G. M., 2013. *Neurogastronomy: How the brain creates flavor and why it matters.* Columbia University Press.

Smith, B. C. ed., 2007. *Questions of Taste: The philosophy of wine.* Oxford University Press, Inc.

Spence, C. and Piqueras-Fiszman, B., 2014. *The Perfect Meal: The multisensory science of food and dining.* John Wiley & Sons.

Stoddart, D. M., 1990. *The Scented Ape: The biology and culture of human odour.* Cambridge University Press.

Journal articles – Chapter 1

Beeli, G., Esslen, M., and Jäncke, L., 2005. Synaesthesia: When coloured sounds taste sweet. *Nature*, 434(7029), pp.3838.

Bor, D., Rothen, N., Schwartzman, D.J., Clayton, S., and Seth, A. K., 2014. Adults can be trained to acquire synesthetic experiences. *Scientific Reports*, 4.

Colizoli, O., Murre, J. M., and Rouw, R., 2012. Pseudo-synesthesia through reading books with colored letters. *PLOS One*, 7(6), p.e39799.

Dael, N., Perseguers, M. N., Marchand, C., Antonietti, J. P., and Mohr, C., 2006. Put on that colour, it fits your emotion: Colour appropriateness as a function of expressed emotion. *Quarterly Journal of Experimental Psychology*, 69, pp.1–32.

Demattè, M. L., Sanabria D., and Spence, C., 2006. Cross-modal associations between odors and colors. *Chemical Senses*, 31(6), pp.531–538.

Deroy, O. and Spence, C., 2013. Why we are not all synesthetes (not even weakly so). *Psychonomic Bulletin & Review*, 20(4), pp.643–664.

Gilbert, A. N., Martin, R., and Kemp, S. E., 1996. Cross-modal correspondence between vision and olfaction: The color of smells. *The American Journal of Psychology*, pp.335–351.

Gottfried, J. A. and Dolan, R. J., 2003. The nose smells what the eye sees: Crossmodal visual facilitation of human olfactory perception. *Neuron*, 39(2), pp.375–386.

Levitan, C. A., Ren, J., Woods, A. T., Boesveldt, S., Chan, J. S., McKenzie, K. J., et al, 2014. Cross-cultural color-odor associations. *PLOS ONE*, 9e101651.

Maric, Y. and Jacquot, M., 2013. Contribution to understandingodour–colour associations. *Food Quality and Preference*, 27(2), pp.191–195.

Morrot, G., Brochet, F., and Dubourdieu, D., 2001. The color of odors. *Brain and Language*, 79(2), pp.309–320.

Palmer, S. E., Schloss, K. B., Xu, Z., and Prado-Leon, L., 2013. Music-color associations are mediated by emotion. *Proceedings of the National Academy of Sciences*, 110, pp.8836–8841.

Parr, W. V., White, G. K., and Heatherbell, D. A., 2003. The nose knows: Influence of colour on perception of wine aroma. *Journal of Wine Research*, 14(2–3), pp.79–101.

Schifferstein, H. N. and Tanudjaja, I., 2004. Visualising fragrances through colours: The mediating role of emotions. *Perception*, 33(10), pp.1249–1266.

Spence, C., Richards, L., Kjellin, E., Huhnt, A. M., Daskal, V., Scheybeler, A., Velasco, C., and Deroy, O., 2013. Looking for crossmodal correspondences between classical music and fine wine. *Flavour*, 2(1), pp.1–13.

Watson, M. R., Akins, K. A., Spiker, C., Crawford, L., and Enns, J., 2014. Synesthesia and learning: a critical review and novel theory. *Hum Neurosci*, 2014 Feb 28; 8:98.

Chapter 2

Buck, L. and Axel, R., 1991. A novel multigene family may encode odorant receptors: A molecular basis for odor recognition. *Cell*, 65(1), pp.175–187.

Bushdid, C., Magnasco, M. O., Vosshall, L. B., and Keller, A., 2014. Humans can discriminate more than 1 trillion olfactory stimuli. *Science*, 343(6177), pp.1370–

1372.

Chaput, M. A., El Mountassir, F., Atanasova, B., Thomas-Danguin, T., Le Bon, A. M., Perrut, A., Ferry, B., and Duchamp-Viret, P., 2012. Interactions of odorants with olfactory receptors and receptor neurons match the perceptual dynamics observed for woody and fruity odorant mixtures. European Journal of Neuroscience, 35(4), pp.584–597.

Chrea, C., Grandjean, D., Delplanque, S., Cayeux, I., Le Calvé, B., Aymard, L., Velazco, M. I., Sander, D., and Scherer, K. R., 2009. Mapping the semantic space for the subjective experience of emotional responses to odors. Chemical Senses, 34(1), pp.49–62.

Gangestad, S. W. and Thornhill, R., 1998. Menstrual cycle variation in women's preferences for the scent of symmetrical men. Proceedings of the Royal Society of London B: Biological Sciences, 265(1399), pp.927–933.

Garver-Apgar, C. E., Gangestad, S. W., Thornhill, R., Miller, R. D., and Olp, J. J., 2006. Major histocompatibility complex alleles, sexual responsivity, and unfaithfulness in romantic couples. Psychological Science, 17(10), pp.830–835.

Gilad, Y., Wiebe, V., Przeworski, M., Lancet, D., and Pääbo, S., 2004. Loss of olfactory receptor genes coincides with the acquisition of full trichromatic vision in primates. PLOS Biol, 2(1), p.e5.

Matsui, A., Go, Y., and Niimura, Y., 2010. Degeneration of olfactory receptor gene repertories in primates: No direct link to full trichromatic vision. Molecular Biology and Evolution, 27(5), pp.1192–1200.

Meister, M., 2015. On the dimensionality of odor space. Elife, 4, p.e07865.

Running, C. A., Craig, B. A., and Mattes, R.

D., 2015. Oleogustus: The unique taste of fat. Chemical Senses, p.bjv036.

Wedekind, C., Seebeck, T., Bettens, F., and Paepke, A. J., 1995. MHC-dependent mate preferences in humans. Proceedings of the Royal Society of London B: Biological Sciences, 260(1359), pp.245–249.

Chapter 3

Brochet, F. and Dubourdieu, D., 2001. Wine descriptive language supports cognitive specificity of chemical senses. Brain and Language, 77(2), pp.187–196.

Castriota-Scanderbeg, A., Hagberg, G. E., Cerasa, A., Committeri, G., Galati, G., Patria, F., Pitzalis, S., Caltagirone, C., and Frackowiak, R., 2005. The appreciation of wine by sommeliers: A functional magnetic resonance study of sensory integration. Neuroimage, 25(2), pp.570–578.

O'Doherty, J., Rolls, E. T., Francis, S., Bowtell, R., McGlone, F., Kobal, G., Renner, B., and Ahne, G., 2000. Sensory-specific satiety-related olfactory activation of the human orbitofrontal cortex. Neuroreport, 11(4), pp.893–897.

Pazart, L., Comte, A., Magnin, E., Millot, J. L., and Moulin, T., 2014. An fMRI study on the influence of sommeliers' expertise on the integration of flavor. Frontiers in Behavioral Neuroscience, 8(358).

Plassmann, H., O'Doherty, J., Shiv, B., and Rangel, A., 2008. Marketing actions can modulate neural representations of experienced pleasantness. Proceedings of the National Academy of Sciences, 105(3), pp.1050–1054.

Polak, E. H., 1973. Multiple profile-multiple receptor site model for vertebrate olfaction. Journal of Theoretical Biology,

40(3), pp.469–484.

Spence, C., Velasco, C., and Knoeferle, K., 2014. A large sample study on the influence of the multisensory environment on the wine drinking experience. Flavour, 3(8), pp.1–12.

Stevenson, R. J. and Wilson, D. A., 2007. Odour perception: An object-recognition approach. Perception, 36(12), pp.1821–1833.

Weiskrantz, L., Warrington, E. K., Sanders, M. D., and Marshall, J., 1974. Visual capacity in the hemianopic field following a restricted occipital ablation. Brain, 97(1), pp.709–728.

Chapter 4

Benkwitz, F., Nicolau, L., Beresford, M., Wohlers, M., Lund, C., and Kilmartin, P.A., 2012. Evaluation of key odorants in Sauvignon blanc wines using three different methodologies. Journal of Agricultural and Food Chemistry, 60(25), pp.6293–6302.

Benkwitz, F., Tominaga, T., Kilmartin, P. A., Lund, C., Wohlers, M., and Nicolau, L., 2011. Identifying the chemical composition related to the distinct flavor characteristics of New Zealand Sauvignon blanc wines. American Journal of Enology and Viticulture, pp.ajev–2011.

Escudero, A., Campo, E., Fariña, L., Cacho, J., and Ferreira, V., 2007. Analytical characterization of the aroma of five premium red wines. Insights into the role of odor families and the concept of fruitiness of wines. Journal of Agricultural and Food Chemistry, 55(11), pp.4501–4510.

King, E. S., Dunn, R. L., and Heymann, H., 2013. The influence of alcohol on the sensory perception of red wines. Food Quality and Preference, 28, pp.235–243.

Meillon, S., Dugas, V., Urbano, C., and Schlich, P., 2010. Preference and acceptability of partially dealcoholized white and red wines by consumers and professionals. American Journal of Enology and Viticulture, 61, pp.42–52.

Sáenz-Navajas, M. P., Campo, E., Culleré, L., Fernández-Zurbano, P., Valentin, D., and Ferreira, V., 2010. Effects of the nonvolatile matrix on the aroma perception of wine. Journal of Agricultural and Food Chemistry, 58(9), pp.5574–5585.

Whiton, R. S., and Zoecklein, B. W., 2000. Optimization of headspace solid-phase microextraction for analysis of wine aroma compounds. American Journal of Enology and Viticulture, 51, pp.379–382.

Chapter 5

Bajec, M. R. and Pickering, G. J., 2008. Thermal taste, PROP responsiveness, and perception of oral sensations. Physiology & Behavior, 95(4), pp.581–590.

Ballester, J., Patris, B., Symoneaux, R., and Valentin, D., 2008. Conceptual vs. perceptual wine spaces: Does expertise matter? Food Quality and Preference, 19(3), pp.267–276.

Bartoshuk, L. M., 2000. Comparing sensory experiences across individuals: Recent psychophysical advances illuminate genetic variation in taste perception. Chemical Senses, 25(4), pp.447–460.

Ericsson, K. A., Krampe, R. T., and Tesch-Römer, C., 1993. The role of deliberate practice in the acquisition of expert performance. Psychological Review, 100(3), p.363.

Hayes, J.E., Bartoshuk, L. M., Kidd, J. R., and Duffy, V. B., 2008. Supertasting and PROP bitterness depends on more than the TAS2R38 gene. Chemical Senses,

33(3), pp.255–265.

Hoover, K. C., Gokcumen, O., Qureshy, Z., Bruguera, E., Savangsuksa, A., Cobb, M., and Matsunami, H., 2015. Global survey of variation in a human olfactory receptor gene reveals signatures of non-neutral evolution. Chemical Senses, 40, pp.481–488.

Logan, D. W., 2014. Do you smell what I smell? Genetic variation in olfactory perception. Biochemical Society Transactions, 42(4), pp.861–865.

Macnamara, B. N., Hambrick, D. Z., and Oswald, F. L., 2014. Deliberate practice and performance in music, games, sports, education, and professions: A meta-analysis. Psychological Science, 25(8), pp.1608–1618.

Mauer, L., 2011. Genetic determinants of cilantro preference. (Doctoral dissertation.)

Parr, W. V., Green, J. A., White, K. G., and Sherlock, R. R., 2007. The distinctive flavour of New Zealand Sauvignon blanc: Sensory characterisation by wine professionals. Food Quality and Preference, 18(6), pp.849–861.

Pickering, G. J., Simunkova, K., and DiBattista, D., 2004. Intensity of taste and astringency sensations elicited by red wines is associated with sensitivity to PROP (6-n-propylthiouracil). Food Quality and Preference, 15(2), pp.147–154.

Sáenz-Navajas, M. P., Ballester, J., Pêcher, C., Peyron, D., and Valentin, D., 2013. Sensory drivers of intrinsic quality of red wines: Effect of culture and level of expertise. Food Research International, 54(2), pp.1506–1518.

Tempere, S., Cuzange, E., Malak, J., Bougeant, J. C., de Revel, G., and Sicard, G., 2011. The training level of experts

influences their detection thresholds for key wine compounds. Chemosensory Perception, 4(3), pp.99–115.

Wysocki, C. J., Dorries, K. M., and Beauchamp, G. K., 1989. Ability to perceive androstenone can be acquired by ostensibly anosmic people. Proceedings of the National Academy of Sciences, 86(20), pp.7976–7978.

Chapter 6

Chrea, C., Valentin, D., Sulmont-Rossé, C., Nguyen, D. H., and Abdi, H., 2005. Semantic, typicality, and odor representation: A cross-cultural study. Chemical Senses, 30(1), pp.37–49.

Delplanque, S., Coppin, G., Bloesch, L., Cayeux, I., and Sander, D., 2015. The mere exposure effect depends on an odor's initial pleasantness. Frontiers in Psychology, 6.

Dilworth, J., 2008. Mmmm... not aha! Imaginative vs. analytical experiences of wine. Wine and Philosophy, Allhoff, F. ed., 2009, pp.81–94.

Grabenhorst, F., Rolls, E. T., Margot, C., da Silva, M. A., and Velazco, M. I., 2007. How pleasant and unpleasant stimuli combine in different brain regions: Odor mixtures. The Journal of Neuroscience, 27(49), pp.13532–13540.

Hodgson, R. T., 2008. An examination of judge reliability at a major US wine competition. Journal of Wine Economics, 3(02), pp.105–113.

Prescott, J., Kim, H., and Kim, K. O., 2008. Cognitive mediation of hedonic changes to odors following exposure. Chemosensory Perception, 1(1), pp.2–8.

Chapter 7

Blakemore, S. J., Wolpert, D., and Frith, C., 2000. Why can't you tickle yourself?

Neuroreport, 11(11), pp.R11–R16.

Libet, B., Gleason, C. A., Wright, E. W., and Pearl, D. K., 1983. Time of conscious intention to act in relation to onset of cerebral activity (readiness-potential). Brain, 106(3), pp.623–642.

Saygin, A. P., Chaminade, T., Ishiguro, H., Driver, J., and Frith, C., 2012. The thing that should not be: predictive coding and the uncanny valley in perceiving human and humanoid robot actions. Social Cognitive and Affective Neuroscience, 7(4), pp.413–422.

Chapter 8

Caballero, R., 2009. Cutting across the senses: Imagery in winespeak and audiovisual promotion. Multimodal Metaphor, 11, p.73.

Lehrer, K. and Lehrer, A., 2008. Winespeak or critical communication? Why people talk about wine. Wine and Philosophy, Allhoff, F. ed., 2009, pp.111–122.

Majid, A. and Burenhult, N., 2014. Odors are expressible in language, as long as you speak the right language. Cognition, 130(2), pp.266–270.

Negro, I., 2012. Wine discourse in the French language. RAEL: revista electrónica de lingüística aplicada, 11, pp.1–12.

Olofsson, J. K. and Gottfried, J. A., 2015. The muted sense: Neurocognitive limitations of olfactory language. Trends in Cognitive Sciences, 19(6), pp.314–321.

Olofsson, J. K., Hurley, R. S., Bowman, N. E., Bao, X., Mesulam, M. M., and Gottfried, J. A., 2014. A designated odor–language integration system in the human brain. The Journal of Neuroscience, 34(45), pp.14864–14873.

Suárez Toste, E., 2007. Metaphor inside the wine cellar: On the ubiquity of personification schemas in winespeak. Metaphorik. de, 12(1), pp.53–64.

Wnuk, E. and Majid, A., 2014. Revisiting the limits of language: The odor lexicon of Maniq. Cognition, 131(1), pp.125–138.

Chapter 9

Shapin, S., 2012. The tastes of wine: Towards a cultural history. Rivista di estetica, 51(3), pp.49–94.

Shepherd, G. M., 2015. Neuroenology: How the brain creates the taste of wine. Flavour, 4(19).

Smith, B., 2012. Perspective: Complexities of flavour. Nature, 486(7403), pp.S6–S6.

Chapter 10

Kieran, M., 2008. Why ideal critics are not ideal: Aesthetic character, motivation, and value. The British Journal of Aesthetics, 48(3), pp.278–294.

Raven, F., 2005. Are supertasters good candidates for being Humean ideal critics? Contemporary Aesthetics, 3.

Valentin, D., Parr, W. V., Peyron, D., Grose, C., and Ballester, J., 2016. Colour as a driver of Pinor noir wine quality judgments: An investigation involving French and New Zealand wine professionals. Food Quality Preference, 48, pp. 251–261.

致 谢

　　这本书是多年发现和探索、与众多同事讨论想法之后的成果。如果要列出所有为这本书做出贡献的人的名字,这将会是一个很长的名单,而我不可避免地会遗忘一些人。因此,这是对所有科学家、葡萄酒种植者及酿造者、责任编辑、葡萄酒商人,以及葡萄酒写作同行的普遍感谢,他们与我分享观点、聆听我近似疯狂的想法,并且有足够的耐心以一种慷慨、共享的精神回复我的电话和电子邮件。我特别要感谢希拉里·拉姆斯登帮助本书获得授权,也感谢她在与米切尔·比兹利合作时建议我写我的第一本有关葡萄酒科学的书(至今已有十多年)。感谢我的博士导师托尼·斯蒂德博士,感谢他给了我在实验室工作3年亲身体验科学的机会,也感谢我在Ciba(后来的诺华)基金会的同事,我在那里做了15年的编辑,与来自世界各地的高水平科学家一起交流。这本书中提出的许多观点就是从这个时候开始的:有机会听到顶尖科学家讨论他们的工作从而播下了许多种子。在本书提及的许多人当中,我特别要感谢两个人,巴里·史密斯教授和奥勒·马丁·斯基勒斯教授,他们竭尽所能地提供超出全部需要更多的帮助。还要感谢Quintessence的团队,特别是负责本书的索菲·布莱克曼,她对本书进行非常有效的管理。特别感谢HH。谨以此书献给丹尼和路易(路易斯)。